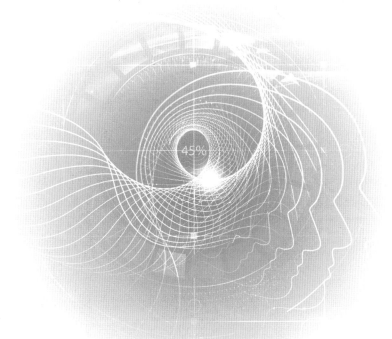

# 提升程式設計力

## 國際程式設計競賽
## 精選解題解析

# 前言

我們編著本書的初心是，基於程式設計競賽的試題，以全面、系統地訓練和提高學生程式設計解決問題的能力為目標，出版既能用於大學程式設計課程的教學和實作，又能用於程式設計競賽選手訓練的著作。目前，這一系列在中國大陸出版了簡體中文版，在臺灣出版了繁體中文版，在美國由 CRC Press 出版了英文版。而我們不僅對本系列不斷進行改進，也就課程建置、教學和訓練系統的建置展開了一系列的工作。

對於系列圖書的建置，寧夏理工學院副校長俞經善教授建議，要出版一部專門進行程式設計入門訓練的書籍，它不僅要能夠適用於「雙一流」院校的學生，也要能夠適用於應用技術型院校的學生。華東交通大學的周娟老師一直負責學校的程式設計競賽訓練，她有一本使用了若干年的講義，我們對這本講義進行了改編，完成了本書。

對於本書的編寫，我們的指導思維如下：

1. 內容上，根據大學的程式語言、高等數學、線性代數課程的教學內容，以及中學期間所學的數學、物理相關知識，讓學生體會和實作如何以程式設計解決問題。

2. 形式上，和系列著作一樣，章節的組織以實作為核心，以程式設計競賽試題以及詳細的解析、加上註解的程式作為主要內容。

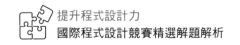

本書的內容如下：

第 1 章提供簡單輸出，以及「輸入 - 處理 - 輸出」模式的實作。第 2 章提供選擇結構、迴圈結構、巢狀結構、陣列、二維陣列、字元和字串的實作；第 3 章提供函式、遞迴函式、結構體、指標的實作。本書的前三章是以程式語言的教學大綱為基礎，循序漸進地展開程式設計實作，可以作為程式語言課程的實作教材。

第 4 章分為五節：幾何初步、歐幾里得演算法和擴展的歐幾里得演算法、機率論初步、微積分初步、矩陣計算。一方面，結合學生在高中期間所學習和掌握的數學知識進行程式設計解題訓練；另一方面，配合高等數學中的導數、線性代數中的矩陣提供程式設計練習。第 5 章也分為五節：簡單的排序演算法（選擇排序、插入排序、泡沫排序）、合併排序、快速排序、利用排序函式進行排序、結構體排序。首先，提供運用執行時間為 $O(n^2)$ 的簡單排序演算法進行排序的實作；然後，提供運用時間複雜度為 $O(n\log_2 n)$ 的排序演算法進行排序的練習；最後，提供利用排序函式進行排序以及結構體排序的實作。第 6 章分為兩節：STL 容器、STL 演算法。

本書可作為大學程式語言入門課程的實作教材，也可用作程式設計競賽選手的入門訓練參考書籍。

我們對浩如煙海的 ACM-ICPC 程式設計競賽區域預賽和全球總決賽、大學的程式設計競賽、線上程式設計競賽、以及中學生資訊學奧林匹克競賽的試題進行了分析和整理，從中精選出 84 道試題（包括一題多解）作為本書的實作範例試題，每道試題不僅有詳盡的試題解析，還提供了標有詳細註釋的參考程式。

這些年來，我們秉承「不忘初心，方得始終」的信念，不斷地完善和改進系列著作。我們非常感謝廣大海內外夥伴的情義相挺，並特別感謝中國大陸、中國香港、中國澳門及臺灣的夥伴一起創建 ACM-ICPC 亞洲訓練聯盟，該聯盟不僅為本書也為我們的系列著作及其課程建置，提供了一個實踐的平台。

由於撰稿時間和篇幅所限，書中內文難免會有疏漏，竭誠歡迎學術界夥伴及讀者不吝指正。如果你在閱讀中發現了問題，請透過電子郵件告訴我們，以便我們在課程建置和中英文版再版時加以改進。聯繫方式如下。

電子郵件：yhwu@fudan.edu.cn

周娟、吳永輝

註：本書試題的線上測試位址如下：

| 線上評測系統 | 簡稱 | 網址 |
| --- | --- | --- |
| 北京大學線上評測系統 | POJ | http://poj.org/ |
| 浙江大學線上評測系統 | ZOJ | https://zoj.pintia.cn/home |
| UVA 線上評測系統 | UVA | http://uva.onlinejudge.org/<br>http://livearchive.onlinejudge.org/ |
| Ural 線上評測系統 | Ural | http://acm.timus.ru/ |
| HDOJ 線上評測系統 | HDOJ | http://acm.hdu.edu.cn/ |
| 計蒜客線上評測系統 | 計蒜客 | https://nanti.jisuanke.com/acm |
| Gym 線上評測系統 | Gym | http://codeforces.com/problemset |

# 目錄

# Chapter 01
# 程式設計起點：輸入和輸出

小到一個程式，大到一個軟體系統，都是「輸入 - 處理 - 輸出」的模式。所以，本章展開輸入和輸出的練習，讓讀者瞭解和實作如何編寫、編譯和偵錯程式，以及線上提交程式的基本過程。

對於 C 語言，scanf 函式和 printf 函式分別是輸入函式和輸出函式，宣告在標頭檔 stdio.h 裡。所以，在使用 scanf 函式和 printf 函式時，要加上「#include <stdio.h>」。

C++ 的輸出和輸入是用「串流」（stream）的方式實作，串流物件 cin、cout 和串流運算元的定義等資訊，在 C++ 的輸入 / 輸出串流程式庫中。因此，如果在程式中使用 cin、cout 和串流運算元，就要加上「#include<iostream>」。

## 1.1　輸出

程式設計學習的起點是，編寫一個在標準輸出中直接輸出一行字串「Hello World」的程式。「1.1.1 Fibonacci Sequence」是一道類似的試題。

### 1.1.1 ▶ Fibonacci Sequence

費氏數列是一個自然數的序列，定義如下：

◆ $F_1 = 1$；

- $F_2=1$；

- $F_n=F_{n-1}+F_{n-2}$，其中 $n>2$。

編寫程式，輸出費氏數列中的前 5 個數字。

### 輸出

輸出 5 個整數，即費氏數列中的前 5 個數字。在輸出中，任何兩個相鄰數字都用一個空格分隔，行的末尾沒有額外的空格或符號。

| 範例輸入 | 範例輸出 |
| --- | --- |
| （無輸入） | 1 1 2 3 5 |

**試題來源**：2019 ICPC Asia Yinchuan Regional Programming Contest
**線上測試**：計蒜客 A2268

### ❖ 試題解析

本題要求完成一個最簡單的程式，沒有輸入，只輸出費氏數列中的前 5 個數字。

參考程式 1 為 C 語言版，參考程式 2 為 C++ 語言版。

### ❖ 參考程式 1

```
01  #include <stdio.h>
02  int main(){
03      printf("1 1 2 3 5");        // 輸出費氏數列中的前 5 個數字
04  }
```

### ❖ 參考程式 2

```
01  #include<iostream>
02  using namespace std;
03  int main(){
04      cout<<"1 1 2 3 5"<<endl;    // 輸出費氏數列中的前 5 個數字
05  }
```

## 1.2 輸入與輸出

在「1.1.1 Fibonacci Sequence」的基礎上，完成「1.2.1 A+B Problem」，體驗程式的「輸入 - 處理 - 輸出」模式。

### 1.2.1 ▶ A+B Problem

計算 $a+b$。

**輸入**

兩個整數 $a$ 和 $b$（$0 \le a, b \le 10$）。

**輸出**

輸出 $a+b$ 的結果。

| 範例輸入 | 範例輸出 |
|---|---|
| 1<br>2 | 3 |

**線上測試：** POJ 1000，ZOJ 1000

**❖ 試題解析**

本題是一道練習「輸入 - 處理 - 輸出」模式的入門試題。

首先，根據試題描述中提供的資料的範圍，定義三個 int 型別的變數 $a$、$b$、$c$；然後，輸入兩個整數，指定給 $a$ 和 $b$；接下來，透過指定述句，計算運算式 $a+b$，指定給變數 $c$；最後，輸出結果 $c$。

**❖ 參考程式**

```
01    #include <stdio.h>
02    int main(void) {
03        int a, b,c;
04        scanf("%d%d", &a, &b);        // 輸入兩個整數 a 和 b
05        c=a+b;                        // 處理：計算 a+b
```

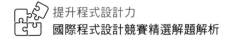
```
06      printf("%d\n",c);              // 輸出 a+b
07      return 0;
08  }
```

「1.2.1 A+B Problem」的參考程式是 C 語言版，建議讀者在此基礎上，完成
「1.2.1 A+B Problem」的 C++ 語言版的程式。

# Chapter 02
# 程式設計基礎 I

1984 年，圖靈獎得主尼古拉斯·沃斯（Nicklaus Wirth）提出了著名公式「演算法＋資料結構＝程式」，其中，演算法是程式設計解決問題的方法；資料結構是現實世界中，要被處理的資訊在程式中的表示形式。從程式語言的角度來看，資料結構是由基本的資料型別（即整數、實數、字元）以及陣列、指標、結構組成的。而演算法則是透過循序結構、選擇結構、迴圈結構和函式來完成的。選擇結構包括 if 選擇結構和 switch 選擇結構，迴圈結構包括 while 迴圈結構、do while 迴圈結構和 for 迴圈結構。

由於各類程式語言的書籍已經汗牛充棟，有關程式語言，我們不再贅述，而是側重於如何編寫程式解決問題。

在第 1 章「輸入 - 處理 - 輸出」的實作基礎上，本章程式編寫訓練的重點是如何正確地處理輸入和輸出，以及掌握基本資料型別、循序結構、選擇結構、迴圈結構、陣列、字串，並運用它們來分析問題和解決問題。透過簡單運算的程式編寫練習，學生可以掌握 C/C++ 或 Java 等程式語言的基本語法，熟悉線上測試系統和程式設計環境，初步學會如何將一個自然語言描述的實際問題抽象成一個計算問題，得到運算過程。繼而編寫程式完成運算過程，並將運算結果還原成對原來問題的解答。

## 2.1 選擇結構

程式語言中的選擇結構包括 if 選擇結構和 switch 選擇結構。if 選擇結構有三種形式。

**1.** 單分支 if 選擇結構，例如：

```
if (score>=60) printf("pass");                    // 單分支 if 述句
```

**2.** if else 選擇結構，例如：

```
if (score> =60) printf("pass");
    else printf("fail");
```

**3.** 多分支 if else 選擇結構，例如：

```
if (score>=90) printf("excellent");          // 多分支 if 述句
    else if (score>=80) printf("good");
        else if (score>=70) printf("secondary");
            else if (score>=60) printf("pass");
                else printf("fail");
```

首先提供的「2.1.1 Accurate Movement」，是一個單分支 if 述句實作。

## 2.1.1 ▶ Accurate Movement

Amelia 做了一個 $2 \times n$ 大小的矩形盒子，裡面有兩條平行的軌道，每條軌道上都有一個矩形。短矩形的尺寸為 $1 \times a$，長矩形的尺寸為 $1 \times b$。長矩形的兩端各有一個止動欄杆，短矩形則始終位於這兩個止動欄杆之間。

只要短矩形在長矩形的止動欄杆之間，矩形就可以沿著軌道移動，一次可以移動一個矩形。因此，在每次移動時，Amelia 都會選擇其中一個矩形移動它，而另一個矩形則保持原來的位置。最初，兩個矩形在矩形盒子的一側對齊，Amelia 希望透過盡可能少的移動次數，將兩個矩形移動到矩形盒子的另一側並對齊，如圖 2.1-1 所示。要達到這一目標，Amelia 最少要移動矩形多少次？

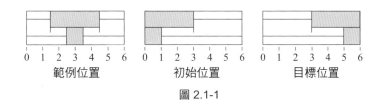

圖 2.1-1

**輸入**

輸入一行，提供三個整數 $a$、$b$ 和 $n$（$1 \leq a < b \leq n \leq 10^7$）。

**輸出**

輸出一行，提供一個整數，即 Amelia 最少要移動矩形的次數。

| 範例輸入 | 範例輸出 |
|---|---|
| 1 3 6 | 5 |
| 2 4 9 | 7 |

**試題來源**：ICPC 2019-2020 North-Western Russia Regional Contest

**線上測試**：計蒜客 A2270，Gym 102411A

❖ **試題解析**

由於初始時，長矩形 $1 \times b$ 和短矩形 $1 \times a$ 是靠左對齊，所以開始要移動短矩形、且短矩形能移動的最大距離是 $b-a$。此後，每次長矩形和短矩形能移動的最大距離也是 $b-a$，對於 $2 \times n$ 大小的矩形盒子，長矩形要移動的距離是 $n-b$，所以，長矩形和短矩形交替移動，長矩形的最少移動次數是 $\left\lceil \dfrac{n-b}{b-a} \right\rceil$，而短矩形的最少移動次數是 $\left\lceil \dfrac{n-b}{b-a} \right\rceil + 1$。所以，Amelia 最少要移動矩形的次數是 $2 \times \left\lceil \dfrac{n-b}{b-a} \right\rceil + 1$。

因為 $a$、$b$ 和 $n$ 是整數，而整數的除法運算是向下取整數，所以，在程式中，要判斷 $(n-b) \% (b-a)$ 是否為 0。如果不為 0，則 $(n-b)/(b-a)$ 要向上取整數，即 $(n-b)/(b-a)+1$。

## ❖ 參考程式

```
01    #include<iostream>
02    using namespace std;
03    int main()
04    {
05        int a,b,n;
06        cin>>a>>b>>n;
07        int ans=1;              // 開始要移動短矩形 1 次
08        n-=b;                   // 長矩形要移動的距離
09        int k=b-a;              // 每次能移動的最大距離
10        ans+=(n/k)*2;           // n/k 向下取整數
11        if(n%k)                 // n/k 需要向上取整數
12        {
13            ans+=2;
14        }
15        cout<<ans<<endl;        // 最少要移動矩形的次數
16        return 0;
17    }
```

「2.1.2 Sum」是一個 if else 選擇結構的實作。

## 2.1.2 ▶ Sum

請你求出 1 ～ n 之間所有整數的總和。

### 輸入

輸入是一個絕對值不大於 10000 的整數 n。

### 輸出

輸出一個整數,該整數是所有在 1 ～ n 之間的整數的總和。

| 範例輸入 | 範例輸出 |
| --- | --- |
| −3 | −5 |

**試題來源**:ACM 2000 Northeastern European Regional Programming Contest (test tour)

**線上測試**:Ural 1068

### ❖ 試題解析

本題要求算出 1 ～ $n$ 之間所有整數的總和，而 $n$ 是一個絕對值不大於 10000 的整數。等差數列的求和公式為 $S_n = n \times a_1 + \dfrac{n \times (n-1)}{2} \times d$，其中 $a_1$ 為首項，$d$ 為公差，$n \in \mathbf{N}$。如果 $n$ 是大於 0 的正整數，則 $S_n = 1 + 2 + \cdots + n = \dfrac{n \times (n+1)}{2}$，否則 $S_n = \dfrac{n \times (n+1)}{2} + 1$。

### ❖ 參考程式

```
01    #include <iostream>
02    using namespace std;
03    int main()
04    {
05        int n;                  // 輸入值：絕對值不大於 10000 的整數 n
06        cin>>n;
07        int s=0;                // s：1 ～ n 之間的整數的總和
08        if(n>0)                 // if else 選擇結構完成等差數列的求和公式
09            s=n*(1+n)/2;
10        else
11            s=n*(1-n)/2+1;
12        cout<<s<<endl;          // 輸出所有在 1 ～ n 之間的整數的總和
13        return 0;
14    }
```

## 2.2　迴圈結構

迴圈述句有 while 述句、do while 述句和 for 述句。

while 述句的一般形式為：

```
while（運算式）
{
    迴圈主體
}
```

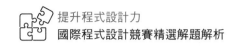
功能：先判斷運算式值的真假，若為真（非零），就執行迴圈主體，否則結束迴圈結構。允許 while 述句的迴圈主體中包含另一個 while 述句，形成迴圈的巢狀。

do while 述句用來建構 UNTIL 迴圈結構，也多用於迴圈次數事先不確定的問題。其一般形式為：

```
do{
    迴圈主體
} while（運算式）;
```

功能：先執行一次迴圈主體，再判斷運算式的真假。若運算式為真，則繼續執行迴圈主體，一直到運算式為假時結束迴圈結構。注意 while 後面的「;」號不能少。由此可以看出，對於同一個問題，可以用 WHEN 迴圈，也可以用 UNTIL 迴圈，do while 的迴圈主體至少要被執行一次。

for 述句的一般形式為：

```
for（運算式 1; 運算式 2; 運算式 3）
    迴圈主體
```

for 述句的執行過程為：

1. 第 1 步：求解運算式 1。

2. 第 2 步：求解運算式 2，若其值為真，則執行迴圈主體，求解運算式 3，繼續第 2 步；若運算式 2 值為假，則結束迴圈。

「2.2.1 Back to High School Physics」提供 while 述句的實作。

## 2.2.1 ▶ Back to High School Physics

一個粒子有初速度和加速度。如果在 $t$ 秒時這個粒子的速度為 $v$，在 $2t$ 秒時這個粒子的總位移是多少？

### 輸入

輸入的每行提供兩個整數。每行構成一個測試案例，這兩個整數表示 $v$（$-100 \leq v \leq 100$）和 $t$（$0 \leq t \leq 200$）的值（$t$ 表示粒子在 $t$ 秒時的速度為 $v$）。

**輸出**

對於輸入的每行，在一行中輸出一個整數，為在 2*t* 秒時這個粒子的總位移。

| 範例輸入 | 範例輸出 |
| --- | --- |
| 0 0 | 0 |
| 5 12 | 120 |

**試題來源**：BUET/UVA Oriental (WF Warmup) Contest 1

**線上測試**：UVA 10071

❖ **試題解析**

粒子的加速度恆定，輸入 $v$ 和 $t$，其中 $v$ 是在時間點 $t$ 的粒子的速度，求在時間點 $2t$ 粒子的位移。

本題涉及高中物理知識，分析如下。假設粒子的初速度為 $v_0$，加速度為 $a$，則在時間點 $t$，粒子的速度 $v=v_0+at$。根據位移公式 $s=v_0t+\frac{1}{2}at^2$，其中 $s$ 是位移，$v_0$ 是初速度，$a$ 是加速度，在時間點 $2t$ 粒子的位移 $s=2v_0t+\frac{1}{2}a(2t)^2=2v_0t+2at^2=2t(v_0+at)=2vt$。

所以，本題迴圈輸入 $v$ 和 $t$，計算 $2vt$，並輸出。

❖ **參考程式**

```
01   #include <stdio.h>
02   int main(void)
03   {
04       int v, t;
05       while(scanf("%d%d", &v, &t) !=EOF)
06           printf("%d\n",2 * v * t);
07       return 0;
08   }
```

「2.2.2 Can You Solve It？」提供 for 述句的實作。

## 2.2.2 ► Can You Solve It？

請參見圖 2.2-1。在這張圖中，每個圓點都有一個笛卡兒座標系的座標。可以
沿著由箭頭所表示的路徑從一個圓點到另一個圓點。從一個源點到一個目標
點，所需要走的總步數 = 路徑通過的中間點的數目 +1。

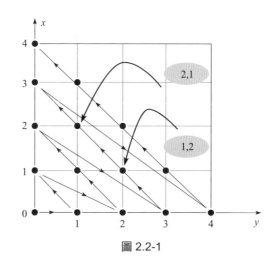

圖 2.2-1

如圖 2.2-1 所示，要從 (0, 3) 到 (3, 0)，就必須通過兩個中間點 (1, 2) 和 (2,
1)。所以，在這種情況下，所需要走的總步數是 2+1=3。本題要求計算從
一個已知的源點到一個已知的目標點所需的步數。本題設定，對於所有的箭
頭，不能走相反的方向。

**輸入**

輸入的第一行提供了要處理的測試案例數 n（0<n≤500）。接下來的 n 行每行
提供 4 個整數（0≤ 每個整數 ≤100000），第一對整數表示源點的座標，另一
對整數表示目標點的座標。座標以 (x, y) 形式列出。

**輸出**

對於每個測試案例，程式先輸出測試案例編號，然後輸出從源點到目標點所
需的步數。本題設定可以從源點到達目標點。

| 範例輸入 | 範例輸出 |
|---|---|
| 3 | Case 1: 1 |
| 0 0 0 1 | Case 2: 2 |
| 0 0 1 0 | Case 3: 3 |
| 0 0 0 2 | |

**試題來源**：The FOUNDATION Programming Contest 2004

**線上測試**：UVA 10642

❖ **試題解析**

本題提供了二維平面上整數點的座標，並用如圖 2.2-1 所示的箭頭的路徑將這些整數點連接起來；提供兩個二維平面座標點，計算從源點到目標點所需的步數。

對二維平面上的任一整數點，按箭頭所標示的順序，可以計算出 (0, 0) 到該點所需的步數。根據題意，同一層的整數點為右下至左上的斜線上的整數點，前 4 層的整數點的座標按箭頭所標示的順序如下：

$(0, 0) \rightarrow$

$(0, 1) \rightarrow (1, 0) \rightarrow$

$(0, 2) \rightarrow (1, 1) \rightarrow (2, 0) \rightarrow$

$(0, 3) \rightarrow (1, 2) \rightarrow (2, 1) \rightarrow (3, 0)$

例如，要計算 (0, 0) 到 (2, 1) 所需的步數，(2, 1) 在第 4 層，該層的每一個整數點的 $x$ 座標和 $y$ 座標之和都是 3。從 (0, 0) 走完前 3 層，到第 4 層的第一個座標點 (0, 3) 所需的步數是 1+2+3=6。然後，從 (0, 3) 到 (2, 1) 需要走 2 步，恰好為 (2, 1) 的 $x$ 座標值。所以 (0, 0) 到 (2, 1) 所需的步數為 6+2=8。

由上述實例，可以推出計算從 (0, 0) 到 $(x, y)$ 所需步數的公式為：

$[1+2+3+\cdots+(x+y)]+x=(x+y+1) \times (x+y)/2+x$。

所以，對每個測試案例，先計算 (0, 0) 到源點所需的步數，以及 (0, 0) 到目標點所需的步數。然後，後者減去前者，即為源點到目標點所需的步數。

根據測試案例數，用 for 迴圈處理每個測試案例。

### ❖ 參考程式

```
01    #include <bits/stdc++.h>
02    using namespace std;
03    int main()
04    {
05        int n;                                      // n：測試案例數目
06        scanf("%d", &n);
07        for(int k=1; k <=n; k++) {
08            int x1, y1, x2, y2;                      // 源點和目標點的座標
09            scanf("%d%d%d%d", &y1, &x1, &y2, &x2);
10            int t1=(x1 + y1) * (x1 + y1 + 1) / 2 + y1;
11            int t2=(x2 + y2) * (x2 + y2 + 1) / 2 + y2;
12            printf("Case %d: %d\n", k, t2 - t1);   // 輸出源點到目標點所需的步數
13        }
14        return 0;
15    }
```

迴圈述句可以巢狀，「2.2.3 Gold Coins」和「2.2.4 The Hotel with Infinite Rooms」提供了迴圈巢狀的實作。

## 2.2.3 ▶ Gold Coins

國王要給他的忠誠騎士支付金幣。在他服務的第一天，騎士將獲得一枚金幣。在接下來的兩天的每一天（服務的第二和第三天），騎士將獲得 2 枚金幣。在接下來的 3 天的每一天（服務的第四、第五和第六天），騎士將獲得 3 枚金幣。在接下來的 4 天的每一天（服務的第七、第八、第九和第十天），騎士將獲得 4 枚金幣。這種支付模式將無限期地繼續下去：在連續 $N$ 天的每一天獲得 $N$ 枚金幣之後，在下一個連續的 $N+1$ 天的每一天，騎士將獲得 $N+1$ 枚金幣，其中 $N$ 是任意的正整數。

請編寫程式，在已知天數的情況下，求出國王要支付給騎士的金幣的總數（從第一天開始計算）。

**輸入**

輸入至少一行，至多 21 行。每行提供問題的一個測試資料，即一個整數（範圍為 1 ～ 10000）表示天數。一行提供 0 表示輸入結束。

**輸出**

對於輸入中提供的每個測試案例，輸出一行。每行先提供在輸入中提供的天數，後面是一個空格，然後是在這些天數中，從第一天開始計算總共要支付給騎士的金幣數。

| 範例輸入 | 範例輸出 |
| --- | --- |
| 10 | 10 30 |
| 6 | 6 14 |
| 7 | 7 18 |
| 11 | 11 35 |
| 15 | 15 55 |
| 16 | 16 61 |
| 100 | 100 945 |
| 10000 | 10000 942820 |
| 1000 | 1000 29820 |
| 21 | 21 91 |
| 22 | 22 98 |
| 0 | |

**試題來源：** ACM Rocky Mountain 2004

**線上測試：** POJ 2000，ZOJ 2345，UVA 3045

❖ **試題解析**

設 $n$ 為總天數，這 $n$ 天可以分成若干連續的時間段，第 $i$ 個時間段為 $i$ 天，每天獎勵 $i$ 個金幣，則在這 $i$ 天內共獎勵 $i \times i$ 個金幣。假設 ans 為獎勵的金幣總數，$m$ 為當前天數。

本題的參考程式為雙重迴圈。

1. 外迴圈，每次迴圈處理一個測試案例，直到輸入了迴圈結束的標示 0。

2. 內迴圈，每次迴圈處理一個時間段，累計當前時間段內獎勵的金幣數，直到當前天數加當前時間段的天數超過 $n$。

最後得出的 ans 即為國王 $n$ 天裡獎勵的金幣總數。

❖ **參考程式**

```
01    #include <iostream>
02    using namespace std;
03    int main()
04    {
05        int i, n, m, ans;
06        while (cin >> n, n)                   // 外迴圈
07        {
08            ans=m=0;
09            for (i=1; m + i <=n; m +=i++)     // 內迴圈
10                ans +=i * i;
11            ans +=(n - m) * i;
12            cout << n << " " << ans << endl;
13        }
14        return 0;
15    }
```

## 2.2.4 ▸ The Hotel with Infinite Rooms

HaluaRuti 市有一間奇怪的旅館，它有無窮多個房間。來這家旅館的旅遊團要遵循以下規則：

1. 在同一時刻，只有一個旅遊團的成員可以租用旅館。

2. 每個旅遊團在入住的當天早上到達旅館，並在退房的當天晚上離開旅館。

3. 在前一個旅遊團離開旅館後，另一個旅遊團在第二天早上到達旅館。

4. 下一個旅遊團會比前一個旅遊團多 1 人，第一個旅遊團除外，本題將提供第一個旅遊團的人數。

5. 一個有 *n* 個成員的旅遊團在旅館住 *n* 天。例如，如果一個有 4 人的旅遊團在 8 月 1 日上午來旅館，就要在 8 月 4 日晚上離開旅館，下一個有 5 人的旅遊團在 8 月 5 日上午來，並在旅館住 5 天，以此類推。

提供第一個到達旅館的旅遊團人數，請計算在已知的日期入住旅館的旅遊團人數。

### 輸入

輸入的每行提供整數 *S*（1≤S≤10000）和 *D*（1≤D<$10^{15}$）。*S* 表示最初第一個到達旅館的旅遊團人數，*D* 表示在第 *D* 天（從 1 開始）入住旅館的旅遊團的人數。所有的輸入和輸出整數都將小於 $10^{15}$。一個人數為 *S* 的旅遊團是指在第一天，一個 *S* 人的旅遊團來到旅館並入住 *S* 天，然後，根據前面描述的規則，一個 *S*+1 人的旅遊團來到旅館，並入住 *S*+1 天，以此類推。

### 輸出

對於每一行輸入，在一行中輸出在第 *D* 天入住旅館的人數。

| 範例輸入 | 範例輸出 |
| --- | --- |
| 1 6 | 3 |
| 3 10 | 5 |
| 3 14 | 6 |

**試題來源**：2001 Regionals Warmup Contest
**線上測試**：UVA 10170

### ❖ 試題解析

根據題意，累加當前旅遊團入住的天數，直接計算第 *D* 天入住旅館的人數。根據資料範圍（$10^{15}$），整數變數使用 long long int 型別。

### ❖ 參考程式

```
01   #include <bits/stdc++.h>
02   using namespace std;
```

```
03   int main(){
04       long long int n,d;
05       while(cin>>n>>d){          // 輸入測試案例
06           long long int day=1;   // 初始化
07           while(day<=d){
08               day+=n;            // 累加當前旅遊團入住的天數
09               n++;               // 下一個旅遊團人數
10           }
11           cout<<n-1<<endl;       // 輸出第 D 天入住旅館的人數
12       }
13       return 0;
14   }
```

## 2.3　巢狀結構

在程式設計中，稍微複雜一些的問題求解會用到巢狀結構，選擇結構、迴圈結構都可以互相巢狀。

本節提供巢狀求解的實作。「2.3.1 Hashmat the Brave Warrior」提供迴圈述句巢狀選擇述句的實作。

### 2.3.1 ▶ Hashmat the Brave Warrior

Hashmat 是一個勇敢的戰士，他和一群年輕的士兵要從一個地方到另一個地方與敵人進行戰鬥。在戰鬥之前，他要計算他的士兵人數和敵方士兵人數的差，由此決定是否和敵人作戰。Hashmat 的士兵人數不會超過敵方士兵人數。

**輸入**

輸入的每行提供兩個數字。這兩個數字表示 Hashmat 的士兵人數和敵方的士兵人數，或者反之。輸入數字不大於 $2^{32}$。輸入以「End of File」作為終止。

**輸出**

對於每行輸入，輸出 Hashmat 的士兵人數和敵方的士兵人數的差。每個輸出單獨一行。

| 範例輸入 | 範例輸出 |
|---|---|
| 10 12 | 2 |
| 10 14 | 4 |
| 100 200 | 100 |

**試題來源：** Bangladesh 2001 Programming Contest

**線上測試：** UVA 10055

❖ **試題解析**

本題要求計算 Hashmat 的士兵人數和敵方的士兵人數的差的絕對值，並輸出。

本題以巢狀結構求解：每次迴圈輸入並處理一個測試案例，在迴圈主體內用 if else 結構計算差的絕對值。

對於本題，要注意以下兩點：

1. 本題提供的輸入資料的範圍和規模。輸入的數字不大於 $2^{32}$，因此需要選用 long long int 作為輸入資料的型別（8 位元組）。

2. 對於每個測試案例提供的兩個數字，前面的數字不一定是 Hashmat 的士兵人數，需要對輸入的兩個數字的大小進行判斷，否則結果可能出現負值。

❖ **參考程式**

```
01   #include <stdio.h>
02   int main()
03   {
04        long long int a, b;
05        while(scanf("%lld %lld", &a, &b) !=EOF)   // 輸入測試案例，
06                                                  // 以 "End of File" 終止
```

```
07                  if(b > a)                          // 計算差的絕對值
08                      printf("%lld\n", b - a);
09                  else
10                      printf("%lld\n", a - b);
11          return 0;
12  }
```

如果在一個迴圈主體中還有一個完整的迴圈結構，則外層迴圈稱為外迴圈，而內層迴圈稱為內迴圈。

「2.3.2 Primary Arithmetic」和「2.3.3 Xu Xiake in Henan Province」是兩層迴圈巢狀實作，不僅有迴圈巢狀，而且迴圈述句中還包含選擇述句。

## 2.3.2 ▶ Primary Arithmetic

小學生學習算術的多位數加法運算時，被教導對兩個加數從右向左、每次相同位名的兩個數字相加。對於小學生，「進位」運算是一個很大的挑戰，因為要把一個 1 從當前位名加到下一位。提供一組加法題，請計算每個加法題的進位運算的次數，以便教育主管評估這些題目的難度。

### 輸入

輸入的每一行提供兩個不超過 10 位數字的不帶正負號的整數。輸入的最後一行提供 0 0。

### 輸出

對於除最後一行以外的每一行的輸入，計算並輸出兩個數字相加產生的進位運算的次數，格式如範例輸出所示。

| 範例輸入 | 範例輸出 |
|---|---|
| 123 456 | No carry operation. |
| 555 555 | 3 carry operations. |
| 123 594 | 1 carry operation. |
| 0 0 | |

**試題來源：**ACM-ICPC SWERC 2000 Warm-Up

**線上測試：**UVA 10035

## ❖ 試題解析

本題要求計算兩個數相加，有多少次的進位運算。

本題程式模擬加法過程即可，外迴圈每次輸入和處理一個測試案例，在迴圈主體內，巢狀的內迴圈完成按位名相加，並統計進位次數，巢狀的選擇結構輸出進位運算次數。根據輸入提供的資料範圍，相加數的型別為 int。

本題在程式設計過程中要注意：

1. 目前進位有可能導致下一位數相加的進位，例如，999＋1，因此，如果有進位，則把進位 1 向前加入下一位數的相加。

2. 注意進位運算次數的單複數，如果是複數，則對應單字應該是「operations」。

## ❖ 參考程式

```
01    #include <stdio.h>
02    int main()
03    {
04        int a, b;                      // 加法題的兩個相加數
05        while (scanf("%d%d",&a,&b)==2){ // 外迴圈：輸入當前的兩個相加數
06            if (!a && !b) return 0;     // 兩個相加數為 0，則程式結束
07            int c=0, ans=0;             // c 為當前位名相加的進位；ans 為進位運算次數
08            for (int i=9; i >=0; i--) { // 內迴圈：按位名相加
09                c=(a%10 + b%10 + c) > 9 ? 1 : 0;  // 判斷當前位名相加有無進位
10                ans +=c;                // 累計進位運算次數
11                a /=10; b /=10;         // 準備下一位的相加
12            }
13            // 輸出進位運算次數
14            if(ans==0){                 // 沒有進位運算
15                printf("No carry operation.\n");
16            }
17            else if(ans==1){            // 1 次進位運算
18                printf("%d carry operation.\n", ans);
```

```
19          }
20          else{                               // 進位運算次數多於 1
21              printf("%d carry operations.\n", ans);
22          }
23      }
24      return 0;
25  }
```

### 2.3.3 ► Xu Xiake in Henan Province

少林寺是一個佛教寺廟，位於河南省登封市。少林寺始建於西元 5 世紀，至今仍是少林派的主要寺廟。

龍門石窟是關於中國佛教藝術的景點，位於洛陽以南 12 公里（約 7.5 英里）處，其中有數以萬計的佛陀和其弟子們的雕像。

據史料記載，白馬寺是中國第一座佛教寺廟，由漢明帝於西元 68 年建造，位於東漢都城洛陽。

雲臺山位於河南省焦作市修武縣。雲臺山世界地質公園風景區被列為 AAAAA 級旅遊風景區。雲台瀑布位於雲臺山世界地質公園內，高 314 公尺，號稱中國最高的瀑布。這些都是河南省著名的旅遊景點。

現在要根據旅行者到過的景點的數量，評定旅行者的等級。

◆ 一個旅行者遊覽了上面提到的 0 個景點，那麼他就是「Typically Otaku」。

◆ 一個旅行者遊覽了上面提到的 1 個景點，那麼他就是「Eye-opener」。

◆ 一個旅行者遊覽了上面提到的 2 個景點，那麼他就是「Young Traveller」。

◆ 一個旅行者遊覽了上面提到的 3 個景點，那麼他就是「Excellent Traveller」。

◆ 一個旅行者遊覽了上面提到的 4 個景點，那麼他就是「Contemporary Xu Xiake」。

請評定提供的旅行者的等級。

## 輸入

輸入提供多個測試案例。輸入的第一行提供一個正整數 $t$，表示最多 $10^4$ 個測試案例的數量。每個測試案例一行，提供 4 個整數 $A_1$、$A_2$、$A_3$ 和 $A_4$，其中 $A_i$ 是旅行者遊覽第 $i$ 個景點的次數，$0 \le A_1, A_2, A_3, A_4 \le 100$。如果 $A_i$ 是 0，則表示這位旅行者從來沒有去過第 $i$ 個景點。

## 輸出

對於每個測試案例，輸出一行，提供一個字串，表示對應的旅行者的等級，這些字串是「Typically Otaku」、「Eye-opener」、「Young Traveller」、「Excellent Traveller」和「Contemporary Xu Xiake」（不加引號）的其中之一。

| 範例輸入 | 範例輸出 |
| --- | --- |
| 5 | Typically Otaku |
| 0 0 0 0 | Eye-opener |
| 0 0 0 1 | Young Traveller |
| 1 1 0 0 | Excellent Traveller |
| 2 1 1 0 | Contemporary Xu Xiake |
| 1 2 3 4 | |

**試題來源**：2018-2019 ACM-ICPC Asia Jiaozuo Regional Contest

**線上測試**：Jisuanke A2199，Gym 102028A

## ❖ 試題解析

本題要求對於每個測試案例，記錄旅行者到達多少個不同的景點，然後根據他到過景點的數量進行判斷，輸出判斷的結果。

所以，本題根據測試案例數，外迴圈每次輸入並處理一個測試案例。在輸入一個測試案例時，內迴圈統計旅行者到過的景點數；然後，根據到過的景點數，或者以多分支 if else 選擇結構，或者以 switch 選擇結構，評定旅行者的等級。

## ❖ 參考程式 1（多分支 if else 選擇結構）

```
01  #include<stdio.h>
02  int main()
03  {
04      int t;
05      scanf ("%d",&t);              // 輸入測試案例數
06      for (int i=1;i<=t;i++)        // 外迴圈：每次迴圈處理一個測試案例
07      {
08          int cnt=0,x;              // cnt 為到過的景點點數
09          for (int j=1;j<=4;j++)    // 內迴圈：輸入測試案例，並統計到過的景點數
10          {
11              scanf ("%d",&x);
12              if (x!=0) cnt++;      // 統計一共去過幾個景點
13          }
14          if (cnt==0)              // if else 選擇結構，評定旅行者的等級
15              printf ("Typically Otaku\n");
16          else if (cnt==1)
17              printf ("Eye-opener\n");
18          else if(cnt==2)
19              printf ("Young Traveller\n");
20          else if (cnt==3)
21              printf ("Excellent Traveller\n");
22          else printf ("Contemporary Xu Xiake\n");
23      }
24      return 0;
25  }
```

## ❖ 參考程式 2（switch 選擇結構）

```
01  #include<stdio.h>
02  int main()
03  {
04      int t;
05      scanf ("%d",&t);
06      for (int i=1; i<=t; i++)       // 外迴圈：每次迴圈處理一個測試案例
07      {
08          int cnt=0,x;
09          for (int j=1; j<=4; j++)   // 內迴圈：輸入測試案例，並統計到過的景點數
10          {
11              scanf ("%d",&x);
12              if(x!=0) cnt++;
13          }
```

```
14          switch(cnt)                 // switch 選擇結構，評定旅行者的等級
15          {
16              case 0: printf ("Typically Otaku\n");break;
17              case 1: printf ("Eye-opener\n");break;
18              case 2: printf ("Young Traveller\n");break;
19              case 3: printf ("Excellent Traveller\n");break;
20              default: printf ("Contemporary Xu Xiake\n");
21          }
22      }
23      return 0;
24  }
```

如果內迴圈中還有一個完整的迴圈結構，則構成多重迴圈巢狀。「2.3.4 The 3$n$+1 problem」就是一個三層迴圈巢狀的實作。

## 2.3.4 ▶ The 3$n$+1 problem

電腦科學的問題通常被列為屬於某一特定類型的問題（如 NP、不可解、遞迴）。這個問題是請你分析演算法的一個特性：演算法的分類對所有可能的輸入是未知的。

考慮下述演算法：

```
1. input n
2. print n
3. if n=1 then STOP
4. if n is odd then n<-- 3n+1
5. else n<-- n/2
6. GOTO 2
```

輸入 22，則列印輸出數列：22 11 34 17 52 26 13 40 20 10 5 16 8 4 2 1。

人們推想，對於任何完整的輸入值，上述演算法將終止（當 1 被列印時）。儘管這個演算法很簡單，但還不清楚這一猜想是否正確。然而，目前已經驗證，對所有的整數 $n$（$0 < n < 1000000$），該命題正確。

已知一個輸入 $n$，在 1 被列印前可以確定被列印數字的個數，這樣的個數被稱為 $n$ 的迴圈長度。在上述例子中，22 的迴圈長度是 16。

對於任意兩個整數 $i$ 和 $j$，請你計算在 $i$ 和 $j$ 之間的整數中迴圈長度的最大值。

### 輸入

輸入是由整數 $i$ 和 $j$ 組成的整數對序列，每對一行，所有整數都小於 10000 大於 0。

### 輸出

對輸入的每對整數 $i$ 和 $j$，請輸出 $i$、$j$，以及在 $i$ 和 $j$ 之間（包括 $i$ 和 $j$）的所有整數中迴圈長度的最大值。這三個數字在一行輸出，彼此間至少用一個空格分開。在輸出中，$i$ 和 $j$ 按輸入的次序出現，然後是最大的迴圈長度（在同一行中）。

| 範例輸入 | 範例輸出 |
| --- | --- |
| 1 10 | 1 10 20 |
| 100 200 | 100 200 125 |
| 201 210 | 201 210 89 |
| 900 1000 | 900 1000 174 |

**試題來源**：Duke Internet Programming Contest 1990

**線上測試**：POJ 1207，UVA 100

### ❖ 試題解析

本題是一道經典的直敘式模擬題，根據試題描述提供的規則編寫程式。在本題的試題描述中，提供了整數迴圈的計算步驟。

解答程式的外迴圈，每次迴圈處理一個測試案例。

對於一個測試案例，若輸入的整數對為 $a$ 和 $b$，則已知的整數區間為 $[\min(a, b), \max(a, b)]$。設定雙重迴圈：

**1.** 外迴圈：列舉區間內的每個整數 $n$

（ for($n$=min($a, b$); $n$<=max($a, b$); $n$++) ）

**2.** 內迴圈：計算出 $n$ 的迴圈長度 $i$

（for($i=1$, $m=n$; $m>1$; $i++$) if ($m\%2==0$) $m/=2$; else $m=3*m+1$）

很顯然，在 $[\min(a, b), \max(a, b)]$ 內所有整數的迴圈長度的最大值即為問題解。

## ❖ 參考程式

```
01    #include <iostream>
02    using namespace std;
03    int main()
04    {
05        int i, a, b, c, d, ans, n, m;
06        while (cin >> a >> b)              // 輸入測試案例：整數對 a 和 b
07        {
08            ans=0;
09            c=min(a, b);
10            d=max(a, b);
11            for (n=c; n <=d; n++)          // 外迴圈：列舉區間 [min(a,b)，
12                                            // max(a,b)] 內的每個 n
13            {
14                for (i=1, m=n; m > 1; i++)  // 內迴圈：計算出 n 的迴圈長度 i
15                {
16                    if (m % 2==0)
17                        m /=2;
18                    else m=3 * m + 1;
19                }
20                if (i > ans) ans=i;         // 調整迴圈長度
21            }
22            cout << a << " " << b << " " << ans << endl;?   // 輸出結果
23        }
24        return 0;
25    }
```

## 2.4 陣列

陣列是儲存於一個連續儲存空間中,且具有相同資料型別的資料元素的集合。在陣列中,資料元素的下標間接反映了資料元素的記憶體位址,在陣列中存取一個資料元素只要透過下標計算它的儲存位址即可。

### 2.4.1 ▶ 陣列的特點

作為一種資料結構,陣列有 3 個特點:有限,在一個陣列中,能儲存的資料元素的數目是有限的;有序,在一個陣列中,資料元素是一個接一個地連續儲存的;每個資料元素的型別是相同的。

根據陣列的特點,對於陣列的輸入和處理,往往是透過迴圈述句,一個接一個地輸入資料元素,一個接一個地按序處理。

#### 2.4.1.1　The Decoder

請你編寫一個程式,將一個字元組成的集合準確地解碼成一條有效的訊息。你的程式要讀取一個經過簡單編碼的字元集組成的檔案,並輸出這些字元所包含的確切資訊。這種簡單編碼是對 ASCII 字元集中可列印部分的字元進行單一的算術運算,一對一地進行字元替換。

你的程式要輸入採用相同編碼方案的所有字元集,並輸出每組字元集的實際訊息。

**輸入**

例如,輸入檔為:

```
1JKJ'pz'{ol'{yhklthyr'vm'{ol'Jvu{yvs'Kh{h'Jvywvyh{pvu5
1PIT'pz'h'{yhklthyr'vm'{ol'Pu{lyuh{pvuhs'I|zpulzz'Thjopul'Jvywvyh{pvu5
1KLJ'pz'{ol'{yhklthyr'vm'{ol'Kpnp{hs'Lx|pwtlu{'Jvywvyh{pvu5
```

**輸出**

你的程式要輸出如下資訊:

```
*CDC is the trademark of the Control Data Corporation.
*IBM is a trademark of the International Business Machine Corporation.
*DEC is the trademark of the Digital Equipment Corporation.
```

| 範例輸入 | 範例輸出 |
|---|---|
| 1JKJ'pz'{ol'{yhklthyr'vm'{ol'Jvu{ yvs'Kh{h'Jvywvyh{ pvu5 | *CDC is the trademark of the Control Data Corporation. |
| 1PIT'pz'h'{yhklthyr'vm'{ol'Pu{lyuh{ pvuhs'I|zpulzz' Thjopul'Jvywvyh{pvu5 | *IBM is the trademark of the International Business Machine Corporation. |
| 1KLJ'pz'{ol'{yhklthyr'vm'{ol'Kpnp{ hs'Lx|pwtlu{'Jvywvyh{pvu5 | *DEC is the trademark of the Digital Equipment Corporation. |

**試題來源**：ODU ACM Programming Contest 1992

**線上測試**：UVA 458

## ❖ 試題解析

根據 ASCII 碼表比較輸入和輸出字元，得出編碼方式：輸入字元的 ASCII 碼 −7= 輸出字元的 ASCII 碼。或者，根據第一個字元，得出編碼方式：輸入字元的 ASCII 碼 +'*'−'1'= 輸出字元的 ASCII 碼。

輸入檔以字串為單位，每次輸入一個字串；對字串中的字元減 7，或者輸入字元的 ASCII 碼 +'*'−'1'，然後輸出。

函式 strlen 用來求字串的長度，在 C 中使用 strlen，就要加上「#include<string.h>」。

## ❖ 參考程式

```
01    #include <stdio.h>
02    #include <string.h>
03    char string[10005];
04    int main()
05    {
06        while ( scanf("%s",&string) !=EOF ) {      // 輸入字串，直到檔案結束
07            int len=strlen(string);                 // 字串長度為 len
```

```
08          for ( int i=0 ; i < len ; ++ i )          // 根據編碼方式,
09                                                     // 將輸入字元轉化為輸出字元
10              printf("%c",string[i]+'*'-'1');
11          printf("\n");                              // 字串結束,換行
12      }
13      return 0;
14  }
```

## 2.4.1.2  Above Average

據說 90% 的同學希望成績高於班級平均成績。請你提供一個檢查方法。

### 輸入

輸入的第一行提供一個整數 $C$,表示測試案例的數量。然後提供 $C$ 個測試案例。每個測試案例首先提供一個整數 $N$,表示班級中的人數($1 \le N \le 1000$)。後面提供 $N$ 個用空格或分行符號隔開的整數,每一個整數表示該班上的一個學生的最終成績($0 \sim 100$ 之間的整數)。

### 輸出

對於每個測試案例,輸出一行,提供成績高於平均成績的學生的百分比,四捨五入到小數點後 3 位。

| 範例輸入 | 範例輸出 |
| --- | --- |
| 5 | 40.000% |
| 5 50 50 70 80 100 | 57.143% |
| 7 100 95 90 80 70 60 50 | 33.333% |
| 3 70 90 80 | 66.667% |
| 3 70 90 81 | 55.556% |
| 9 100 99 98 97 96 95 94 93 91 | |

**試題來源:** Waterloo local 2002.09.28

**線上測試:** POJ 2350,UVA 10370

## ❖ 試題解析

提供一個班級的學生成績，計算成績高於平均成績的學生的百分比，四捨五入到小數點後 3 位。

一個班級的學生成績儲存在整數陣列 grade 中，在輸入學生成績時，累計總分；然後，計算平均成績，平均成績為浮點數；接下來，計算高於平均成績的人數；最後，統計高於平均成績的學生所占的百分比。

## ❖ 參考程式

```
01    #include <iostream>
02    using namespace std;
03    int main()
04    {
05        int C, N, tot_gra, abo_c, grade[1000];
06        float average, perc;
07        int i;
08        cin >> C;                         // C：測試案例數
09        while(C--)
10        {
11            cin >> N;                     // N：班級人數
12            tot_gra=0;                    // 班級總分為 tot_gra，初始化為 0
13            for(i=0; i < N; i++)          // 輸入每個學生成績，累計總分
14            {
15                cin >> grade[i];
16                tot_gra +=grade[i];
17            }
18            average=tot_gra / N;          // 計算平均成績 average
19            abo_c=0;                      // 高於平均成績的人數為 abo_c，初始化為 0
20            for(i=0; i < N; i++)          // 計算高於平均分的人數
21                if(grade[i] > average)
22                    abo_c ++;
23            perc=abo_c* 100.0 / N ;       // 計算高於平均成績人數的百分比 perc
24            printf("%0.3f%%\n", perc);
25        }
26        return 0;
27    }
```

### 2.4.1.3 Summing Digits

對於正整數 $n$，假設 $f(n)$ 是十進位數字 $n$ 的各位數的和。由此產生數列 $n$,
$f(n), f(f(n)), f(f(f(n))), \cdots$，最終變成個位數。假設該個位數是 $g(n)$。

例如，$n = 1234567892$，則 $f(n) = 1+2+3+4+5+6+7+8+9+2 = 47$，$f(f(n)) =$
$4+7 = 11$，$f(f(f(n))) = 1+1 = 2$，所以 $g(1234567892) = 2$。

**輸入**

輸入每行包含一個正整數 $n$，最多 2000000000。輸入以 $n = 0$ 結束，程式不用
處理這一行。

**輸出**

對於每個輸入的整數，以一行輸出 $g(n)$。

| 範例輸入 | 範例輸出 |
|---|---|
| 2 | 2 |
| 11 | 2 |
| 47 | 2 |
| 1234567892 | 2 |
| 0 | |

**試題來源：** 2007 ACPC Alberta Collegiate Programming Contest

**線上測試：** UVA 11332

❖ **試題解析**

本題輸入整數按位元以字元陣列 temp 儲存，字元陣列的每個元素儲存整數的
一個位數。

解題程式是一個三層迴圈，最外層的迴圈每次迴圈處理一個測試案例。對於
每一個測試案例，如果當前數字的各位數的和不是個位數，繼續求各位數
的和。

函式 strlen 用 來 求 字 串 的 長 度 ， 在 C++ 中 使 用 strlen ， 就 要 加 上
「#include <cstring>」。

❖ **參考程式**

```
01  #include <iostream>
02  #include <cstring>
03  using namespace std;
04  int main()
05  {
06      char temp[1005];                    // 輸入整數以字元陣列 temp 儲存
07      while ( cin >> temp ) {
08          int sum=0,count;                // sum：各位數的和
09          int len=strlen(temp);           // len：輸入整數的位數
10          if ( temp[0]=='0' && len==1 ) break;  // 輸入為 0 的情況
11          for ( int i=0 ; i < len ; ++ i )      // 將字元轉換為對應的整數，
12                                          // 逐位數相加
13              sum +=temp[i] - '0';
14          while ( sum > 9 ) {             // 各位數的和不是個位數，
15                                          // 繼續求各位數的和
16              count=0;
17              while ( sum ) {
18                  count +=sum%10;
19                  sum /=10;
20              }
21              sum=count;
22          }
23          cout << sum << endl;            // 輸出結果
24      }
25      return 0;
26  }
```

## 2.4.2 ▶ 離線計算

在處理多個測試案例的過程中，可能會遇到這樣一種情況：資料量較大，所
有測試案例都採用同一運算，並且資料範圍已知。在這種情況下，為了提高
運算效率，可以採用離線計算方法：預先計算出指定範圍內的所有解，存入
某個常數陣列；以後每測試一個測試案例，直接從常數陣列中引用相關資料
就可以了。這樣，就避免了重複運算。

「2.4.2.1 Square Numbers」和「2.4.2.2 Ugly Numbers」就是要採用離線計算的實作。

## 2.4.2.1　Square Numbers

平方數是這樣一個整數,即其平方根也是整數,例如 1、4、81 是平方數。提供兩個整數 $a$ 和 $b$,請找出 $a$ 和 $b$ 之間(包括 $a$ 和 $b$)有多少個平方數。

### 輸入

輸入最多有 201 行。每行提供兩個整數 $a$ 和 $b$($0 < a \leq b \leq 100000$)。輸入以包含兩個零的一行結束。程式不用處理這一行。

### 輸出

對於輸入的每一行產生一行輸出。這一行提供一個整數,它表示 $a$ 和 $b$(包括 $a$ 和 $b$)之間有多少個平方數。

| 範例輸入 | 範例輸出 |
|---|---|
| 1 4 | 2 |
| 1 10 | 3 |
| 0 0 | |

**試題來源:** A Malaysian Contest, 2008

**線上測試:** UVA 11461

### ❖ 試題解析

首先,根據題目提供的資料範圍($0 < a \leq b \leq 100000$),定義整數常數 $N = 10^5$,並定義前綴和陣列 prefixsum,prefixsum$[i]$ 定義為 $[0, i]$ 區間內平方數的個數,$0 \leq i \leq N$。

然後,離線計算出在 $[1, N]$ 範圍內的 prefixsum。

最後,每輸入一個測試案例 $a$ 和 $b$,直接計算 $a$ 和 $b$ 之間有多少個平方數 prefixsum$[b]$ − prefixsum$[a-1]$。

### ❖ 參考程式

```
01   #include <iostream>
02   using namespace std;
03   const int N=1e5;                    // 本題的資料範圍
04   int prefixsum[N +1]={0};            // 前置和陣列元素 prefixsum[i] 定義為 [0, i]
05                                        // 區間內平方數的個數
06   int main()
07   {
08       for(int i=1, j=1; i <=N; i++)     // 離線計算前置和陣列元素 prefixsum[i]
09           if(i==j * j) {
10               prefixsum[i]=prefixsum[i - 1] + 1;
11               j++;
12           } else
13               prefixsum[i]=prefixsum[i - 1];
14       int a, b;                         // a 和 b 如本題描述
15       while(~scanf("%d%d", &a, &b) && (a || b))    // 輸入 a 和 b，每次迴圈
16                                          // 處理一個測試案例
17           printf("%d\n", prefixsum[b] - prefixsum[a - 1]); // a 和 b 之間有
18                                          // 多少個平方數
19       return 0;
20   }
```

## 2.4.2.2　Ugly Numbers

醜陋數（Ugly Number）是僅有質因數 2、3 或 5 的整數。序列 1, 2, 3, 4, 5, 6, 8, 9, 10, 12, … 提供了前 10 個醜陋數。按照慣例，1 被包含在醜陋數中。

提供整數 $n$，編寫一個程式，輸出第 $n$ 個醜陋數。

### 輸入

輸入的每一行提供一個正整數 $n$（$n \leq 1500$）。輸入以 $n = 0$ 的一行結束。

### 輸出

對於輸入的每一行，輸出第 $n$ 個醜陋數，對 $n = 0$ 的那一行不用處理。

| 範例輸入 | 範例輸出 |
|---|---|
| 1 | 1 |
| 2 | 2 |
| 9 | 10 |
| 0 | |

**試題來源：** New Zealand 1990 Division I

**線上測試：** POJ 1338，UVA 136

## ❖ 試題解析

醜陋數是僅有質因數 2、3 或 5 的整數。例如 6 和 8 都是醜陋數，但 14 不是醜陋數，因為 14 有質因數 7。也就是說，一個醜陋數分解成若干個質因數的乘積的形式為 $2^x \times 3^y \times 5^z$，其中 $x, y, z \geq 0$，而 1 是第一個醜陋數。

根據醜陋數的定義，醜陋數只能被 2、3 和 5 整除。也就是說，如果一個數能被 2 整除，就把它連續除以 2；如果能被 3 整除，就連續除以 3；如果能被 5 整除，就連續除以 5。如果最後得到的商是 1，那麼這個數就是醜陋數；否則，就不是醜陋數。

本題提供一個正整數 $n$（$n \leq 1500$），要求輸出第 $n$ 個醜陋數。因此，我們採用離線求解的辦法，先計算出前 1500 的醜陋數 $a[1..1500]$，然後，根據每一個測試資料 $n$，只要從陣列 $a$ 中直接取出 $a[n]$ 即可。

根據醜陋數的定義，除 1 以外，一個醜陋數是另一個醜陋數乘以 2、3 或 5 的結果。因為陣列 $a$ 是排好順序的醜陋數，在陣列 $a$ 中的每一個醜陋數是前面的醜陋數乘以 2、3 或 5 得到的。所以，在產生醜陋數時，設定三個指標（陣列下標）$p2$、$p3$ 和 $p5$，分別指向 2、3 和 5 待乘的數，相乘之後，取最小者作為下一個醜陋數加入陣列 $a$，並且對應的指標加 1。

❖ **參考程式**

```
01   #include<iostream>
02   using namespace std;
03   int main(){
04       long long a[1501]={0,1};                   // 醜陋數陣列a指定初值
05       int p2=1,p3=1,p5=1;                        // 指標p2、p3和p5指定初值
06       for(int i=2;i<=1500;i++){
07           a[i]=min(a[p2]*2,min(a[p3]*3,a[p5]*5)); // 下一個醜陋數
08           if(a[i]==2*a[p2]) p2++;                 // 對應的指標加1
09           if(a[i]==3*a[p3]) p3++;
10           if(a[i]==5*a[p5]) p5++;
11       }
12       int n;
13       while(cin>>n,n) cout<<a[n]<<endl;           // 根據測試資料n,輸出a[n]
14       return 0;
15   }
```

## 2.4.3 ▶ 序列

### 2.4.3.1　B2-Sequence

B2 序列是一個正整數 $1 \leq b_1 < b_2 < b_3 \cdots$ 的序列，所有數的兩兩之和 $b_i + b_j$（其中 $i \leq j$）都是不同的。請確定一個提供的序列是不是 B2 序列。

**輸入**

每個測試案例首先提供 N（$2 \leq N \leq 100$），表示序列中元素的數量。在接下來的一行提供 N 個整數，表示序列中每個元素的值。每個元素 $b_i$ 是一個整數，$b_i \leq 10000$。在每個測試案例後都有一個空行。輸入以 EOF 結束。

**輸出**

對於每個測試案例，輸出測試案例的編號（從 1 開始），以及一條訊息，表示對應的序列是不是 B2 序列。格式按下面提供的範例輸出。在每個測試案例之後，輸出一個空行。

| 範例輸入 | 範例輸出 |
|---|---|
| 4<br>1 2 4 8 | Case #1: It is a B2-Sequence.<br><br>Case #2: It is not a B2-Sequence. |
| 4<br>3 7 10 14 | |

**試題來源**：ACM ICPC:: UFRN Qualification Contest (Federal University of Rio Grande do Norte, Brazil)，2006

**線上測試**：UVA 11063

## ❖ 試題解析

輸入的序列用陣列 data 從下標 1 開始儲存。在輸入過程中如果 $b_{i-1} \geq b_i$，則序列不是 B2 序列；否則就判斷所有數的兩兩之和 $b_i + b_j$，看它們是否相同。

定義陣列 sum，大小為 $b_i$ 的範圍（$b_i \leq 10000$）的兩倍，初值為 0。列舉所有數的兩兩之和 $b_i + b_j$，$\mathrm{sum}[b_i + b_j] = 1$。如果列舉到某一對 $b_i$ 和 $b_j$，發現 $\mathrm{sum}[b_i + b_j]$ 已經為 1，則該序列不是 B2 序列；否則該序列為 B2 序列。

## ❖ 參考程式

```
01    #include <iostream>
02    using namespace std;
03    int main()
04    {
05        int data[101]={ 0 },  n, T=1;
06        while (~scanf("%d",&n)) {
07            int b2=0;
08            for (int i=1 ; i <=n ; ++ i) {
09                scanf("%d", &data[i]);
10                if (data[i]<=data[i-1]) b2=1;
11            }
12            int sum[20001]={ 0 };
13            if (b2==0)
14                for (int i=1 ; i <=n ; ++ i)      // 列舉所有數的兩兩之和 bi+bj
15                    for (int j=i ; j <=n ; ++ j) {
16                        if (sum[data[i]+data[j]] !=0) b2=1;
```

```
17                    sum[data[i]+data[j]]=1;
18                }
19        if (!b2)
20            printf("Case #%d: It is a B2-Sequence.\n\n",T ++);
21        else
22            printf("Case #%d: It is not a B2-Sequence.\n\n",T ++);
23    }
24    return 0;
25 }
```

## 2.4.3.2　Jill Rides Again

Jill 喜歡騎自行車，自從她居住的美麗的城市 Greenhills 快速發展之後，Jill 就經常利用良好的公共汽車系統完成部分的旅行。她有一輛折疊式自行車，在她乘公共汽車進行第一段的旅行時，她會隨身攜帶。當公共汽車到達城市中某個令人愉快的地方時，Jill 就下車騎自行車，沿著公共汽車路線騎行，直到目的地；或者，如果她來到城市裡她不喜歡的地方，她將登上公共汽車結束旅行。

根據多年的經驗，Jill 對每一條道路進行了「良好性」的評分，分數為整數。正的「良好」值表示 Jill 喜歡的道路；負值則表示她不喜歡的道路。Jill 要計畫在哪裡下公共汽車並開始騎自行車，以及在哪裡停下自行車並重新上公共汽車，使得她騎自行車經過的道路的良好值之和能夠最大。這也意味著她有時會沿著一條她不喜歡的路騎自行車，前提是這條路連接了她的旅程的另外兩個部分，她喜歡的道路能夠足以補償她不喜歡的道路。如果一條路線的任何一部分都不適合騎自行車，則在整條路線上 Jill 都會坐公共汽車；相反地，如果一條路線都很好，則 Jill 就根本不會坐公共汽車。

有許多不同的公共汽車路線，在每一條路線上都有若干個車站，Jill 可以在那裡下公共汽車或上公共汽車。她要求電腦程式幫助她確定每一條公共汽車路線上最適合騎車的部分。

**輸入**

輸入提供多條公車路線的資訊。輸入的第一行提供一個整數 $b$，表示輸入中路線的數目。每條路線的標示 $r$ 是輸入中的序號，$1 \le r \le b$。對於每條路線，首先提供路線上的站點數整數 $s$（$2 \leq s \leq 20000$），在站點數後面提供 $s-1$ 行，第 $i$ 行（$1 \leq i < s$）提供一個整數 $n_i$，表示 Jill 對第 $i$ 站和第 $i+1$ 站兩個網站之間道路的良好性評分。

### 輸出

對於輸入中的每條路線 $r$，你的程式提供起點公車站 $i$ 和終點公車站 $j$，它們提供良好值總和 $m = n_i + n_{i+1} + \cdots + n_{j-1}$ 最大的路線。如果有多個路線的良好值總和最大，則選擇經過網站最多的路線，即 $j-i$ 的值最大。如果還有多個解，則選擇 $i$ 值小的路線。對於輸入中的每條路線 $r$，按以下格式輸出一行：

```
The nicest part of route r is between stops i and j
```

但是，如果良好值總和不是正數，則程式輸出：

```
Route r has no nice parts
```

| 範例輸入 | 範例輸出 |
|---|---|
| 3 | The nicest part of route 1 is between stops 2 and 3 |
| 3 | The nicest part of route 2 is between stops 3 and 9 |
| −1 | Route 3 has no nice parts |
| 6 | |
| 10 | |
| 4 | |
| −5 | |
| 4 | |
| −3 | |
| 4 | |
| 4 | |
| −4 | |
| 4 | |
| −5 | |
| 4 | |
| −2 | |
| −3 | |
| −4 | |

**試題來源：** ACM-ICPC World Finals 1997

**線上測試：** UVA 507

## ❖ 試題解析

本題求最大子序列和，即提供一個整數陣列 nums，要找到一個具有最大和的連續子陣列（子陣列最少包含一個元素），並傳回其最大和。例如，整數陣列為 [−2, 1, −3, 4, −1, 2, 1, −5, 4]，具有最大和的連續子陣列為 [4, −1, 2, 1]，和為 6。

對於整數陣列 nums，用陣列 $d[i]$ 來保存當前連續子陣列的最大和：迴圈尋訪每個數，$d[i]=d[i-1]>=0$？$d[i-1]+\text{nums}[i]:\text{nums}[i]$。

以上述實例陣列 [−2, 1, −3, 4, −1, 2, 1, −5, 4] 為例，為方便說明，$i$ 從 1 開始。

初始化，子序列 [−2]，$d[1]= -2$；

子序列 [−2, 1]，$d[2]=1$；

子序列 [−2, 1, −3]，$d[3]=1-3= -2$；

子序列 [−2, 1, −3, 4]，$d[4]=4$；

子序列 [−2, 1, −3, 4, −1]，$d[5]=3$；

子序列 [−2, 1, −3, 4, −1, 2]，$d[6]=5$；

子序列 [−2, 1, −3, 4, −1, 2, 1]，$d[7]=6$；

子序列 [−2, 1, −3, 4, −1, 2, 1, −5]，$d[8]=1$；

子序列 [−2, 1, −3, 4, −1, 2, 1, −5, 4]，$d[9]=5$。

然後，尋訪陣列 $d$ 中最大的數即可。

本題求一個序列中最大子序列和，根據上述討論，演算法如下。

初始化結果 ans＝0，累加 0 到 $n-1$ 個元素，每一步得到一個和 sum ；如果某一步中 sum＞ans，則更新 ans，如果 sum＜0，則重置 sum 為 0；最終 ans 中儲存的即最大子序列和。

本題還要記錄最大子序列的起點和終點，如果有多個解，則選擇站點較多的解。

### ❖ 參考程式

```
01    #include <iostream>
02    using namespace std;
03    int n[20010];                          // Jill 對道路的良好性的評分
04    int main()
05    {
06        int TC, r, cot=1;                  // TC 為輸入中路線的數目，r 為路線上的站點數
07        scanf("%d", &TC);
08        while(TC--)                         // 每次迴圈處理一條路線
09        {
10            scanf("%d", &r);               // 輸入站點數
11            int ans=0, sum=0, r1=1, r2=0, ans_r1=1, ans_r2=0;
12            for(int i=1; i < r; i++) scanf("%d", &n[i]);    // 道路的良好性的評分
13            for(int i=1; i < r; i++)                        // 解題分析所述
14            {
15                sum +=n[i]; r2=i + 1;
16                if(sum < 0) { r1=i + 1; sum=0; }
17                else if(sum > ans || (sum==ans && r2 - r1 > ans_r2 - ans_r1))
18                    { ans=sum; ans_r2=r2; ans_r1=r1; }
19            }
20            if(ans > 0) printf("The nicest part of route %d is between stops %d
21                and %d\n", cot++, ans_r1, ans_r2);
22            else printf("Route %d has no nice parts\n", cot++);
23        }
24    }
```

## 2.5　二維陣列

二維陣列是以陣列作為陣列元素的陣列，或者說是「陣列的陣列」。二維陣列定義的一般形式為：**型別說明符 陣列名稱**[**常數運算式**][**常數運算式**]。例如，int $a$[3][4] 表示一個由 3 行 4 列的整數組成的二維陣列。

在 C/C++ 中，二維陣列中元素排列的順序是按行存放的，也就是說，在記憶體中先依序存放第一行的元素，再存放第二行的元素，以此類推。

### 2.5.1 ▶ Pascal Library

Pascal 大學是國家最古老的大學之一。Pascal 大學要翻新圖書館大樓，因為經歷了幾個世紀後，圖書館開始出現無法承受館藏的巨大數量的書籍重量的跡象。

為了幫助重建，大學校友會決定舉辦一系列的募款晚宴，邀請所有的校友參加。在過去幾年舉辦了幾次募款晚宴，這樣的作法已經被證明是非常成功的。成功的原因之一是經過 Pascal 教育系統的學生，對他們的學生時代有著美好的回憶，並希望看到一個重修後的 Pascal 圖書館。

組織者保留了試算表，表明每一場晚宴有哪些校友參加。現在，他們希望你幫助他們確定是否有校友參加了所有的晚宴。

**輸入**

輸入包含若干測試案例。一個測試案例的第一行提供兩個整數 $n$ 和 $d$（$1 \le n \le 100$，$1 \le d \le 500$），分別提供校友的數目和組織晚宴的場數。校友編號從 1 到 $n$。後面的 $d$ 行每行表示一場晚宴的參加情況，提供 $n$ 個整數 $x_i$，如果校友 $i$ 參加了晚宴，則 $x_i = 1$，否則 $x_i = 0$。用 $n = d = 0$ 作為輸入結束。

**輸出**

對於輸入中的每個測試案例，你的程式會產生一行結果：如果至少有一個校友參加了所有的晚宴，則輸出「yes」，否則輸出「no」。

| 範例輸入 | 範例輸出 |
|---|---|
| 3 3 | yes |
| 1 1 1 | no |
| 0 1 1 | |
| 1 1 1 | |
| 7 2 | |
| 1 0 1 0 1 0 1 | |
| 0 1 0 1 0 1 0 | |
| 0 0 | |

**試題來源：** ACM South America 2005

**線上測試：** POJ 2864，UVA 3470

### ❖ 試題解析

校友出席募款晚宴的情況用二維陣列 att 表示，其中 att[$i$][$j$] 表示在第 $i-1$ 場募款晚宴上第 $j-1$ 個校友是否出席，att[$i$][$j$] = 1 表示出席，att[$i$][$j$] = 0 表示沒有出席；在輸入時將值指定給 att。

然後，對每個校友出席募款晚宴的場數進行計算，假設 flag 為校友出席募款晚宴的場數。如果有校友參加了所有的晚宴，則輸出「yes」，否則輸出「no」。

### ❖ 參考程式

```
01   #include <iostream>
02   #include <cstring>
03   using namespace std;
04   int att[510][110];                      // 校友出席募款晚宴的情況用二維陣列 att 表示
05   int main(void){
06       int n, d;                           // 校友數為 n，晚宴場數為 d
07       int i, j;
08       int flag;                           // 校友出席募款晚宴的場數
09       while(cin>>n>>d , n !=0 || d !=0){   // 外層迴圈，每次處理一個測試案例
10           memset(att, 0, sizeof(att));
11           for (i=0; i < d; i++){          // 校友出席募款晚宴的情況
12               for (j=0; j < n; j++){
13                   cin>>att[i][j];
14               }
```

```
15          }
16      for (j=0; j < n; j++){    // 對每個校友出席募款晚宴的場數進行計算
17          flag=0;
18          for (i=0; i < d; i++){
19              if (att[i][j]==1){
20                  flag++;
21              }
22          }
23          if (flag==d){          // 有校友參加了所有的晚宴
24              break;
25          }
26      }
27      if (flag==d){              // 輸出結果
28          cout<<"yes"<<endl;
29      }
30      else{
31          cout<<"no"<<endl;
32      }
33      }
34      return 0;
35  }
```

在 2.4.2 節中，提供了以陣列進行離線計算的實作。「2.5.2 Eb Alto Saxophone Player」則是採用二維陣列「打表」（製作表格），離線提供處理每個測試案例所需要的資料；然後，利用二維陣列，對測試案例逐一進行處理。

## 2.5.2 ▶ Eb Alto Saxophone Player

你喜歡吹薩克斯風嗎？我有一把中音薩克斯風，如圖 2.5-1 所示。

圖 2.5-1

在吹奏音樂的時候，手指要多次按壓按鍵，我對每個手指按壓按鍵的次數很感興趣。假設音樂只有 8 種音符組成。它們是八度音程的 C、D、E、F、G、A、B，和高八度音程的 C、D、E、F、G、A、B。本題用 c、d、e、f、g、a、b、C、D、E、F、G、A、B 來表示它們。吹奏每個音符要按的手指是：

◆ c：手指 2 ～ 4，7 ～ 10

◆ d：手指 2 ～ 4，7 ～ 9

◆ e：手指 2 ～ 4，7，8

◆ f：手指 2 ～ 4，7

◆ g：手指 2 ～ 4

◆ a：手指 2，3

◆ b：手指 2

◆ C：手指 3

◆ D：手指 1 ～ 4，7 ～ 9

◆ E：手指 1 ～ 4，7，8

◆ F：手指 1 ～ 4，7

◆ G：手指 1 ～ 4

◆ A：手指 1 ～ 3

◆ B：手指 1 ～ 2

這裡要注意，一個手指按一個按鍵，不同的手指按不同的按鍵。

請編寫一個程式，計算每個手指按下按鍵的次數。如果在一個音符中需要一個手指按下按鍵，但在上一個音符中沒有用到這個手指，那麼這個手指就要按下按鍵。此外，對於第一個音符，每個需要按下按鍵的手指都要按下按鍵。

## 輸入

輸入的第一行提供一個整數 $t$（$1 \leq t \leq 1000$），表示測試案例的數量。每個測試案例只有一行，提供一首歌。允許使用的字元是 {'c', 'd' ,'e', 'f', 'g', 'a', 'b', 'C', 'D', 'E', 'F', 'G', 'A', 'B'}。一首歌最多有 200 個音符，也有可能這首歌是空的。

## 輸出

對於每個測試案例，輸出 10 個數字，表示每個手指按下按鍵的次數。數字用一個空格隔開。

| 範例輸入 | 範例輸出 |
|---|---|
| 3<br>cdefgab<br>BAGFEDC<br>CbCaDCbCbCCbCbabCCbCbabae | 0 1 1 1 0 0 1 1 1 1<br>1 1 1 1 0 0 1 1 1 0<br>1 8 10 2 0 0 2 2 1 0 |

**試題來源**：OIBH Online Programming Contest 2, 2002

**線上測試**：UVA 10415

❖ **試題解析**

在吹奏薩克斯風時，每個音符都有不同的按法。提供每個音符需要按壓按鍵的手指編號，計算在一首歌曲中，每個手指按壓按鍵的次數。

如果一個手指在兩個連續的音符中都需要按壓按鍵，則按壓次數僅計算一次。比如，連續音符 ab，吹奏 a，用手指 2 和 3，吹奏 b，用手指 2，所以手指 2 按壓按鍵的次數為 1。

每個音符用一個只包含 0 和 1 的二進位數字表示哪些手指需要按壓按鍵，二進位 1 表示吹奏一個音符需要按壓按鍵的手指。例如，音符 c 表示為二進位 0111001111，即手指 2～4 和 7～10 要按下按鍵。

首先，根據題目描述中提供的吹奏每個音符要按的手指，離線定義每個音符要按下的手指的二維陣列 table_cdefgab[7][10] 和 table_CDEFGAB[7][10]。

對於每個測試案例，逐一讀入音符，根據對應的二維陣列 table_cdefgab 或 table_CDEFGAB，逐一分析音符對應 10 根手指：如果上一個音符中沒有用到這根手指，這次這根手指要按壓按鍵，則該手指按下按鍵的次數加 1。

在參考程式中，用整數指標 $p$ 和 last_p 分別指向當前音符和上一個音符，其中，$p$ =table_cdefgab[buf[$i$]–'a'] 或 $p$ =table_CDEFGAB[buf[$i$]–'A'] 指向二維陣列對應行的起始位址；然後，透過下標 $p$[$j$] 對音符對應 10 個手指逐一分析。

### ❖ 參考程式

```
01   #include <cstdio>
02   int table_cdefgab[7][10]={      // 八度音程 c、d、e、f、g、a、b 要按下的手指編號
03       0, 1, 1, 0, 0, 0, 0, 0, 0, 0,
04       0, 1, 0, 0, 0, 0, 0, 0, 0, 0,
05       0, 1, 1, 1, 0, 0, 1, 1, 1, 1,
06       0, 1, 1, 1, 0, 0, 1, 1, 1, 0,
07       0, 1, 1, 1, 0, 0, 1, 1, 0, 0,
08       0, 1, 1, 1, 0, 0, 1, 0, 0, 0,
09       0, 1, 1, 1, 0, 0, 0, 0, 0, 0,
10   };
11   int table_CDEFGAB[7][10]={      // 高八度音程 C、D、E、F、G、A、B 要按下的手指編號
12       1, 1, 1, 0, 0, 0, 0, 0, 0, 0,
13       1, 1, 0, 0, 0, 0, 0, 0, 0, 0,
14       0, 0, 0, 0, 0, 0, 0, 0, 0, 0,
15       1, 1, 1, 1, 0, 0, 1, 1, 1, 0,
16       1, 1, 1, 1, 0, 0, 1, 1, 0, 0,
17       1, 1, 1, 1, 0, 0, 1, 0, 0, 0,
18       1, 1, 1, 1, 0, 0, 0, 0, 0, 0,
19   };
20   int main()
21   {
22       int  n, finger[10], *p, *last_p;      // finger[10] 為 10 個手指按鍵次數,
23                                             // p 為當前音符,last_p 為上一個音符
24       char buf[202];                        // 測試案例為一首歌
25       scanf("%d",&n);                       // n 為測試案例數
26       getchar();
27       while (n --) {
28           gets(buf);                        // 輸入一首歌
29           for (int i=0; i <=9; ++ i)        // 初始化清零
30               finger[i]=0;
```

```
31          for (int i=0; buf[i]; ++ i) {                    // 處理測試案例
32              if (buf[i] >='a' && buf[i] <='g')            // 八度音程
33                  p=table_cdefgab[buf[i]-'a'];
34              else                                         // 高八度音程
35                  p=table_CDEFGAB[buf[i]-'A'];
36              for (int j=0; j <=9; ++ j)
37                  if (p[j]==1 && (i==0 || last_p[j]==0))
38                      finger[j] ++;     // 上一個音符中沒有用到這根手指，這次用到
39              last_p=p;
40          }
41          for (int i=0; i < 9; ++ i) {                     // 輸出結果
42              printf("%d ",finger[i]);
43          }
44          printf("%d\n",finger[9]);
45      }
46      return 0;
47  }
```

二維陣列大多用於表示網格、矩陣。在「2.5.3 Mine Sweeper」中，二維陣列用於表示網格。

## 2.5.3 ▶ Mine Sweeper

踩地雷（Mine Sweeper）是一個在 $n \times n$ 的網格上玩的遊戲。在網格中隱藏了 $m$ 枚地雷，每一枚地雷在網格上不同的方格中。玩家不斷點擊網格上的方格。如果有地雷的方格被觸發，則地雷爆炸，玩家就輸掉了遊戲；如果沒有地雷的方格被觸發，就出現 0 ～ 8 之間的整數，表示包含地雷的相鄰方格和對角相鄰方格的數目。圖 2.5-2 提供了玩該遊戲的部分連續的截圖。

在圖 2.5-2 中，$n$ 為 8，$m$ 為 10，空白方格表示整數 0，凸起的方格表示該方格還未被觸發，類似星號的影像則代表地雷。最左邊的圖表示這個遊戲開始玩了一會兒的情況。從最左邊的圖到中間的圖，玩家點擊了兩個方格，每次玩家都選擇了一個安全的方格。從中間的圖到最右邊的圖，玩家就沒有那麼幸運了，他選擇了一個有地雷的方格，因此遊戲輸了。如果玩家繼續觸發安全的方格，直到只有 $m$ 個包含地雷的方格沒有被觸發，則玩家獲勝。

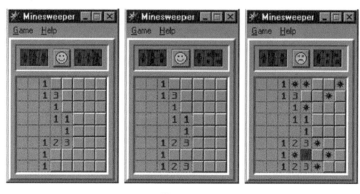

圖 2.5-2

請編寫一個程式，輸入遊戲進行的資訊，輸出對應的網格。

**輸入**

輸入的第一行提供一個正整數 $n$（$n \leq 10$）。接下來的 $n$ 行描述地雷的位置，每行用 $n$ 個字元表示一行的內容：句號表示一個方格沒有地雷，而星號代表這個方格有地雷。然後的 $n$ 行每行提供 $n$ 個字元：被觸發的位置用 x 標示，未被觸發的位置用句號標示，範例輸入對應於圖 2.5-2 中間的圖。

**輸出**

輸出是結果的網格，每個方格被填入適當的值。如果被觸發的方格沒有地雷，則提供從 0 ～ 8 之間的值；如果有一枚地雷被觸發，則所有有地雷的方格位置都用一個星號標示。所有其他的方格用一個句號標示。

| 範例輸入 | 範例輸出 |
|---|---|
| 8 | 001..... |
| ...**.* | 0013.... |
| ......*. | 0001.... |
| ....*... | 00011... |
| ........ | 00001... |
| ........ | 00123... |
| .....*.. | 001..... |
| ...**.*. | 00123... |

| 範例輸入 | 範例輸出 |
|---|---|
| .....*.. | |
| xxx..... | |
| xxxx.... | |
| xxxx.... | |
| xxxxx... | |
| xxxxx... | |
| xxxxx... | |
| xxx..... | |
| xxxxx... | |

**試題來源：** Waterloo local 1999.10.02

**線上測試：** POJ 2612，ZOJ 1862，UVA 10279

❖ **試題解析**

本題提供了描述地雷位置的矩陣 Map[$i$][$j$] 和觸發情況矩陣 touch[$i$][$j$]（$1 \le i, j \le n$），要求計算和輸出網格。矩陣和網格用二維陣列表示。

首先，在輸入觸發情況矩陣 touch 時，判斷是否有地雷被觸發，即是否存在 touch[$i$][$j$] == 'x' && Map[$i$][$j$] == '*' 的格子 ($i, j$)，設定地雷被觸發標示為

$$\text{mc} = \begin{cases} \text{'*'} & \text{地雷被觸發} \\ \text{'.'} & \text{地雷沒有被觸發} \end{cases}$$

然後，從上而下、從左而右地計算和輸出每個位置 ($i, j$) 的網格狀態（$1 \le i, j \le n$）：

1. 若 ($i, j$) 被觸發，但沒有地雷（touch[$i$][$j$] == 'x' && Map[$i$][$j$] == '.'），則統計 ($i, j$) 的 8 個相鄰方格中有地雷的位置數 num，並輸出。

2. 否則（即 touch[$i$][$j$] == '.' || Map[$i$][$j$] == '*'），如果 ($i, j$) 有地雷，則輸出地雷被觸發標示 mc；如果 ($i, j$) 沒有地雷，則輸出「.」。

## ❖ 參考程式

```
01    #include <iostream>
02    using namespace std;
03    char Map[10][10];                              // 地雷位置的矩陣 Map[i][j]
04    char touch[10][10];                            // 觸發情況矩陣 touch[i][j]
05    char mc;                                       // 地雷被觸發標示 mc
06    int main(){
07        int n;                                     // 踩地雷遊戲在 n×n 的網格上
08        scanf("%d",&n);
09        mc='.';                                    // 地雷被觸發標示初值
10        for(int i=0;i<n;i++)
11            for(int j=0;j<n;j++)
12                cin>>Map[i][j];                    // 輸入地雷位置的矩陣
13        for(int i=0;i<n;i++)
14            for(int j=0;j<n;j++){
15                cin>>touch[i][j];                  // 輸入觸發情況矩陣
16                if(touch[i][j]=='x'&&Map[i][j]=='*')    // 判斷是否有地雷被觸發
17                    mc='*';
18            }
19        for(int i=0;i<n;i++){
20            for(int j=0;j<n;j++)
21                if(touch[i][j]=='x'&&Map[i][j]=='.'){   // 被觸發，不是地雷，統計相
22                                                        // 鄰地雷 num
23                    int num=0;
24                    for(int x=-1;x<=1;x++)
25                        for(int y=-1;y<=1;y++){
26                            int a=x+i;
27                            int b=y+j;
28                            if(a>=0&&a<n&&b>=0&&b<n&&Map[a][b]=='*')
29                            num++;
30                        }
31                    printf("%d",num);
32                }
33                else if(touch[i][j]=='.'||Map[i][j]=='*')
34                    if(Map[i][j]=='*')              // 有地雷
35                        printf("%c",mc);
36                    else printf(".");              // 沒有地雷
37            printf("\n");
38        }
39        return 0;
40    }
```

## 2.6　字元和字串

在電腦中，所有的資料在儲存和運算時都要使用二進位數字表示，因此，美國國家標準學會（American National Standard Institute，ANSI）制定了 ASCII 碼（American Standard Code for Information Interchange，美國資訊交換標準碼）。這是一種標準的單位元組的字元編碼方式，使用 7 位二進位數字（剩下的 1 位二進位為 0）來表示所有的大寫和小寫字母、數字 0 ～ 9、標點符號，以及在美式英語中使用的特殊控制字元，供不同電腦在相互通訊時用作共同遵守的西文字元編碼標準。後來它被國際標準組織（International Organization for Standardization，ISO）定為國際標準，共定義了 128 個字元。

在 C/C++ 等程式語言中，字元和對應的 ASCII 碼是相同的。比如，字元 'A' 和 'A' 所對應的 ASCII 碼值 65 是相等的。例如：char $c$='A'，int $a$=$c$+1，則整數變數 $a$ 的值為 66。

字串（String）是由零個或多個字元組成的有限序列。一般記為 $s$="$a_0a_1\cdots a_{n-1}$"，其中 $s$ 是字串名稱，用雙引號作為分界符號括起來的 $a_0a_1\cdots a_{n-1}$ 稱為字串值，其中的 $a_i$（$0 \le i \le n-1$）是字串中的字元。字串中字元的個數稱為字串的長度。字串的字串結束符號 '\0' 不當作字串中的字元，也不被計入字串的長度。雙引號間也可以沒有任何字元，這樣的字串被稱為空字串。

字串在儲存上與字元陣列相同，字串中的每一位字元都是可以提取的，例如 string $s$="abcdefg"，則 $s$[1]='b'，$s$[4]='e'。

### 2.6.1 ▶ IBM Minus One

你可能聽說過 Arthur C. Clarke 的書《2001：太空漫遊》，或者 Stanley Kubrick 的同名電影。在書和電影裡面，一艘太空船從地球飛往土星。在長時間的飛行中，機組人員處於睡眠狀態，只有兩個人醒著，飛船由智慧電腦 HAL 控制。但在飛行中，HAL 的行為越來越奇怪，甚至要殺害機上的機組人員。我們不會告訴你故事的結局，因為你可能想自己讀完這本書。

這部電影上映後很受歡迎，人們就「HAL」這個名字的實際涵義進行了討論。有人認為它可能是「Heuristic Algorithm」（啟發式演算法）的縮寫，但最流行的解釋是：如果你按字母表的順序，將「HAL」一詞中的每一個字母用下一個字母替換，則是「IBM」。

也許還有更多的縮略語以這種奇怪的方式聯繫在一起，請你編寫一個程式來找出這樣的關聯。

### 輸入

輸入的第一行提供整數 $n$，表示後面的字串的數目。接下來的 $n$ 行每行提供一個字串，最多為 50 個大寫字母。

### 輸出

對於輸入中的每個字串，首先，輸出字串的編號，如範例輸出所示。然後，輸出一個由輸入字串所衍生的字串，將輸入字串中的每個字母都按字母表順序，用下一個字母替換，並用 'A' 替換 'Z'。

在每個測試案例後輸出一個空行。

| 範例輸入 | 範例輸出 |
|---|---|
| 2 | String #1 |
| HAL | IBM |
| SWERC | |
| | String #2 |
| | TXFSD |

**試題來源**：Southwestern Europe 1997，Practice

**線上測試**：ZOJ 1240

### ❖ 試題解析

本題是使學生掌握字元、字串概念的基礎題。

對於每個測試案例，輸入字串作為字元陣列依序提取字串的每一位字元，如果是 'Z'，則用 'A' 替換；否則，將字元所對應的 ASCII 碼值加 1，然後輸出該字元。

在參考程式中使用了字串函式。

### ❖ 參考程式

```
01    #include <iostream>
02    using namespace std;
03    int main(){
04        int n;                          // n：輸入的字串的數目
05        string s;                       // s：輸入的字串
06        cin >> n;
07        for(int i=0; i < n; i++){
08            cin >> s;
09            int l=s.length();           // l：輸入的字串長度
10            cout << "String #" << i + 1 << endl;
11            for(int j=0; j < l; j++){
12                if(s[j]=='Z')           // 輸入字串中的 'Z' 用 'A' 替換
13                    cout << 'A';
14                else                    // 輸入字串中的每個字母都依照字母表順序，
15                                        // 用下一個字母替換
16                    cout << (char)(s[j] + 1);    // char 函式將數字轉換成對應的字元
17            }
18            cout << endl << endl;
19        }
20        return 0;
21    }
```

## 2.6.2 ► Quicksum

校驗是一個掃描封包並傳回一個數字的演算法。校驗的思維是，如果封包發生了變化，校驗值也將隨著發生變化，所以校驗經常被用於檢測傳輸錯誤，驗證檔案的內容，而且在許多情況下，用於檢測資料的不良變化。

本題請你完成一個名為 Quicksum 的校驗演算法。Quicksum 的封包只包含大寫字母和空格，以大寫字母開始和結束，空格和字母能以任何的組合出現，可以有連續的空格。

Quicksum 計算在封包中每個字元的位置與字元對應值乘積的總和。空格的對應值為 0，字母的對應值是它們在字母表中的位置。A=1, B=2, …, Z=26。例如 Quicksum 計算封包 ACM 和 MID CENTRAL 如下：

1. ACM：$1 \times 1 + 2 \times 3 + 3 \times 13 = 46$。

2. MID CENTRAL：$1 \times 13 + 2 \times 9 + 3 \times 4 + 4 \times 0 + 5 \times 3 + 6 \times 5 + 7 \times 14 + 8 \times 20 + 9 \times 18 + 10 \times 1 + 11 \times 12 = 650$。

### 輸入

輸入由一個或多個測試案例（封包）組成，輸入最後提供僅包含「#」的一行，表示輸入結束。每個測試案例一行，開始和結束沒有空格，包含 1 ～ 255 個字元。

### 輸出

對每個測試案例（封包），在一行中輸出其 Quicksum 的值。

| 範例輸入 | 範例輸出 |
| --- | --- |
| ACM | 46 |
| MID CENTRAL | 650 |
| REGIONAL PROGRAMMING | 4690 |
| CONTEST | 49 |
| ACN | 75 |
| ACM | 14 |
| ABC | 15 |
| BBC | |
| # | |

**試題來源：** ACM Mid-Central USA 2006

**線上測試：** POJ 3094，ZOJ 2812，UVA 3594

### ❖ 試題解析

整個計算過程為一個迴圈，每次迴圈輸入當前測試案例字串 $s$，並計算和輸出其 Quicksum 值。

Quicksum 值初始化為 0，將當前測試案例所對應的字串 $s$ 作為字元陣列，按字串長度逐一處理字元，若字元 $s[i]$ 為一個大寫字母（$s[i]>='A'\&\&s[i]<='Z'$），則計算該字元對應值 $s[i]-'A'+1$，並計算字串 $s$ 的 Quicksum 值，即 $Quicksum += (s[i]-'A'+1) \times (i+1)$。

若 $s$ 為輸入結束符號「#」，則結束程式。

❖ **參考程式**

```
01  #include <iostream>
02  using namespace std;
03  char s[300];                      // 輸入的字串（封包）
04  int main()
05  {
06      while(gets(s)&&s[0]!='#')    // 每次迴圈輸入當前測試案例，「#」為結束符號
07          {
08              int Quicksum=0;                  // Quicksum 值初始化
09              for(int i=0;i<strlen(s);i++)     // 計算 Quicksum 值
10                  if(s[i]>='A'&&s[i]<='Z')
11                      Quicksum +=(s[i]-'A'+1)*(i+1);
12              printf("%d\n", Quicksum);        // 輸出 Quicksum 值
13          }
14      return 0;
15  }
```

在 2.4.2 節中，提供了以陣列進行離線計算的實作。「2.6.3 WERTYU」則採用常數字元陣列離線提供轉換表；然後，以字元陣列，對測試案例進行處理。

## 2.6.3 ▶ WERTYU

一種常見的打字錯誤是將手放在鍵盤上正確位置的那一行的右邊，如圖 2.6-1 所示。因此，將「Q」輸入為「W」、將「J」輸入為「K」等。請你對以這種方式鍵入的訊息進行解碼。

圖 2.6-1

## 輸入

輸入包含若干行文字。每一行包含數字、空格、大寫字母（除 Q、A 和 Z 之外），或如圖 2.6-1 中所示的（除反引號（`）之外）。用單字標記的鍵（Tab 鍵、BackSp 鍵、Control 鍵等）不在輸入中。

## 輸出

對於輸入的每個字母或標點符號，用圖 2.6-1 所示的 QWERTY 鍵盤上左邊的按鍵內容來替代。輸入中的空格也顯示在輸出中。

| 範例輸入 | 範例輸出 |
| --- | --- |
| O S, GOMR YPFSU/ | I AM FINE TODAY. |

**試題來源：** Waterloo local 2001.01.27

**線上測試：** POJ 2538，ZOJ 1884，UVA 10082

## ❖ 試題解析

先根據圖 2.6-1 中的鍵盤，離線提供轉換表，用於儲存每個鍵對應的左側鍵。注意：根據題意，標示單字的按鍵（Tab 鍵、BackSp 鍵和 Control 鍵等），和每一行在最左邊的按鍵（Q、A、Z）不在轉換表中。此外所有字母都是大寫的。以後每輸入一個字母或標點符號，直接輸出轉換表中對應的左側鍵。

搜尋輸入字元的位置，然後再輸出其前一個字元。

❖ **參考程式**

```
01  #include <cstdio>
02  #include <cstring>
03  const char dic[]="  1234567890-=QWERTYUIOP[]\\ASDFGHJKL;'ZXCVBNM,./";
04      // 轉換表
05  char str[1000];                         // 輸入字串
06  int main()
07  {
08      int i,j,l,l2=strlen(dic);
09      while (gets(str)!=NULL)
10      {
11          l=strlen(str);                  // 輸入字串長度
12          for (i=0;i<l;i++)               // 逐一字元處理
13          {
14              for (j=1;str[i]!=dic[j] && j<l2;j++)     // 輸出左側字元
15                  if (j<l2)
16                      printf("%c",dic[j-1]);
17                  else
18                      printf(" ");
19          }
20          printf("\n");
21      }
22  }
```

「2.6.4 Doom's Day Algorithm」則是字串作為陣列元素的實作。

## 2.6.4 ▶ Doom's Day Algorithm

末日演算法（Doom's Day Algorithm）不是計算哪一天是世界末日的演算法，末日演算法是由數學家 John Horton Conway 設計出的一個演算法，對於某一個日期，計算那一天是一週中的哪一天（星期一、星期二等）。

末日演算法源於世界末日的概念，一週中的某一天總有一個特定的日期。例如，4/4（4 月 4 日）、6/6（6 月 6 日）、8/8（8 月 8 日）、10/10（10 月 10 日）和 12/12（12 月 12 日）都是世界末日發生的日期。每一年都有自己的世界末日。

在 2011 年，世界末日是星期一，所以 4/4、6/6、8/8、10/10 和 12/12 都是星期一。利用這些資訊，可以很容易地計算出其他日期。例如，2011 年 12 月 13 日是星期二，2011 年 12 月 14 日是星期三等等。

其他的世界末日的日期是 5/9、9/5、7/11 和 11/7。此外，在閏年，1/11（1 月 11 日）和 2/22（2 月 22 日）是世界末日；而在非閏年，1/10（1 月 10 日）和 2/21（2 月 21 日）是世界末日。

提供一個 2011 年的日期，請你計算這是在一週中的哪一天。

### 輸入

輸入提供若干不同的測試案例。輸入的第一行提供測試案例的數量。

對於每個測試案例，在一行中提供兩個數字 $M$ 和 $D$；其中 $M$ 表示月份（從 $1 \sim 12$），$D$ 表示日期（從 $1 \sim 31$）。提供的日期是有效日期。

### 輸出

對於每個測試案例，輸出該日期是在 2011 年的星期幾，也就是 Monday、Tuesday、Wednesday、Thursday、Friday、Saturday 和 Sunday 中的一個。

| 範例輸入 | 範例輸出 |
|---|---|
| 8 | Thursday |
| 1 6 | Monday |
| 2 28 | Tuesday |
| 4 5 | Thursday |
| 5 26 | Monday |
| 8 1 | Tuesday |
| 11 1 | Sunday |
| 12 25 | Saturday |
| 12 31 | |

**試題來源：** IX Programming Olympiads in Murcia, 2011

**線上測試：** UVA 12019

## ❖ 試題解析

由範例輸入 / 輸出可知，2011/1/6 是星期四，可以推出 2010/12/31 為星期五。以此日期為起點，計算從 2010/12/31 到輸入日期所經過的天數，將天數除以 7，從得到的餘數就可以得出是星期幾。

在本題參考程式中，用字串陣列 Day 儲存星期幾，整數陣列 Month 儲存每個月的天數。

## ❖ 參考程式

```
01    #include <bits/stdc++.h>
02    using namespace std;
03    int main()
04    {
05        int kase;
06        cin >> kase;
07        string Day[]={"Sunday", "Monday", "Tuesday", "Wednesday",
08            "Thursday", "Friday", "Saturday"};                // 星期幾
09        int Month[]={0,31,28,31,30,31,30,31,31,30,31,30,31}; // 每個月的天數
10        while (kase--) {
11            int m, d;
12            cin >> m >> d;
13            int days=0;
14            for(int i=0;i<m;i++)
15                days+=Month[i];
16            int w=(days+d+5)%7;   // days+d：從 2010/12/31 到輸入日期所經過的天數
17            cout<<Day[w]<<endl;
18        }
19        return 0;
20    }
```

# Chapter 03
# 程式設計基礎 II

在第 2 章展開的基本的資料型別和程式結構、陣列、字串的實作基礎上，本章提供了函式、結構體和指標的程式設計實作。

## 3.1　函式

小到一個程式碼比較多的程式，大到一個軟體系統，開發的指導思維是結構化思維，即所謂的「自頂向下，逐步求精，功能分解」。一個程式碼比較多的程式或一個軟體系統要被分為若干個模組，每一個模組用來完成一個特定的功能。

函式的英語是 function，function 還有一個涵義：功能。一個函式的本質是在程式設計中，按模組化的原則，完成某一項功能。程式由一個主函式和若干個函式構成，主函式呼叫其他函式，其他函式之間也可以互相呼叫，並且一個函式可以被其他函式呼叫多次。

在程式語言中，函式定義的形式為「傳回型別 函式名 ( 形式參數列表 ){ 函式主體述句 return 運算式 ;}」，函式呼叫的形式為「函式名 ( 實際參數列表 );」。

「3.1.1 Specialized Four-Digit Numbers」、「3.1.2 Pig-Latin」和「3.1.3 Tic Tac Toe」等三道實作提供了以函式完成特定的功能。

## 3.1.1 ► Specialized Four-Digit Numbers

找到並列出所有具有這樣特性的十進位的 4 位數字：其 4 位數字的和等於這個數字以 16 進位表示時的 4 位數字的和，也等於這個數字以 12 進位表示時的 4 位數字的和。

例如，整數 2991 的（十進位）4 位數字之和是 $2+9+9+1=21$，因為 $2991=1 \times 1728+8 \times 144+9 \times 12+3$，所以其 12 進位表示為 $1893_{12}$，4 位數字之和也是 21。但是 2991 的十六進位表示為 $BAF_{16}$，並且 $11+10+15=36$，因此 2991 被程式排除了。

下一個數是 2992，3 種表示的各位數字之和都是 22（包括 $BB0_{16}$），因此 2992 要被列在輸出中（本題不考慮少於 4 位數字的十進位數字—排除了前置為零，因此 2992 是第一個正確答案）。

### 輸入
本題沒有輸入。

### 輸出
輸出為 2992 和所有比 2922 大且滿足需求的 4 位數字（以嚴格的遞增序列），每個數字一行，數字前後不加空格，以行結束符號結束。輸出沒有空行。輸出的前幾行如下所示。

| 範例輸入 | 範例輸出 |
| --- | --- |
| （無輸入） | 2992 |
| | 2993 |
| | 2994 |
| | 2995 |
| | 2996 |
| | 2997 |
| | 2998 |
| | 2999 |
| | … |

**試題來源：** ACM Pacific Northwest 2004

**線上測試：** POJ 2196，ZOJ 2405，UVA 3199

❖ **試題解析**

首先，設計一個函式 Calc(base, *n*)，計算和傳回 *n* 轉換成 base 進位後的各位數字之和。然後，列舉 [2992 ... 9999] 內的每個數 *i*，若 Calc(10, *i*) == Calc(12, *i*) == Calc(16, *i*)，則輸出 *i*。

❖ **參考程式**

```
01    #include <iostream>
02    using namespace std;
03    int Calc(int base,int n)        // 計算和傳回 n 轉換成 base 進位後的各位數字之和
04    {
05        int sum=0;
06        for (;n;n/=base)
07            sum+=n%base;
08        return sum;
09    }
10    int main()
11    {
12        int i,a;
13        for (i=2992;i<=9999;i++)   // 列舉 [2992...9999] 內的每個數 i
14        {
15            a=Calc(10,i);
16            if (a==Calc(12,i) && a==Calc(16,i))
17                cout<<i<<endl;
18        }
19        return 0;
20    }
```

## 3.1.2 ► Pig-Latin

你意識到 PGP 加密系統還不足夠保護電子郵件，所以，你決定在使用 PGP 加密系統之前，先把你的明文字母轉換成 Pig Latin（一種隱語），以完善加密。

**輸入和輸出**

請你編寫一個程式，輸入任意數量行的文字，並以 Pig Latin 輸出。每行文字將包含一個或多個單字。一個「單字」被定義為一個連續的字母序列（大寫字母和 / 或小寫字母）。單字根據以下規則轉換為 Pig Latin，非單字的字元在輸出時則和輸入中出現的完全一樣：

1. 以母音字母（a、e、i、o 或 u，以及這些字母的大寫形式）開頭的單字，要在其後面附加字串「ay」（不包括雙引號）。例如，「apple」變成「appleay」。

2. 以輔音字母（不是 A、a、E、e、I、i、O、o、U 或 u 的任何字母）開頭的單字，要去掉第一個輔音字母，並將之附加在單字的末尾，然後再在單字的末尾加上「ay」。例如，「hello」變成「ellohay」。

3. 不要改變任何字母的大小寫。

| 範例輸入 | 範例輸出 |
|---|---|
| This is the input. | hisTay isay hetay inputay. |

**試題來源：** University of Notre Dame Local Contest 1995

**線上測試：** UVA 492

❖ **試題解析**

首先，設計兩個函式 isab(char $c$) 和 vowel(char $c$)，分別判斷字元 $c$ 是不是字母，以及是不是母音字母。

在主程式中，在輸入文字後，根據試題描述中提供的規則進行處理：非字母的字元，直接輸出；如果是單字（一個連續的字母序列），且若單字是輔音字母開頭，則把該輔音字母放到單字的最後；然後，所有的單字後加上「ay」。

❖ **參考程式**

```
01  #include <iostream>
```

```
02   using namespace std;
03   char temp[1000005];                   // 輸入的文字
04   int isab( char c )                     // 是不是字母
05   {
06       if ( c >='a' && c <='z' )
07           return 1;
08       if ( c >='A' && c <='Z' )
09           return 1;
10       return 0;
11   }
12   int vowel( char c )                    // 是不是母音字母
13   {
14       if ( c=='a' || c=='e' || c=='i' || c=='o' || c=='u' )
15           return 1;
16       if ( c=='A' || c=='E' || c=='I' || c=='O' || c=='U' )
17           return 1;
18       return 0;
19   }
20   int main()
21   {
22       while ( gets(temp) ) {
23           int s=0,t=0;
24           while ( temp[s] )
25               if ( !isab(temp[s]) ) {          // 不是字母，直接輸出
26                   printf("%c",temp[s ++]);
27                   t=s;
28               }else if ( isab(temp[t]) )        // 是字母
29                   t ++;
30               else {
31                   if ( !vowel(temp[s]) ) {      // 輔音字母開頭
32                       for ( int i=s+1 ; i < t ; ++ i )
33                           printf("%c",temp[i]);
34                       printf("%c",temp[s]);
35                   }else                         // 母音字母開頭
36                       for ( int i=s ; i < t ; ++ i )
37                           printf("%c",temp[i]);
38                   printf("ay");
39                   s=t;
40               }
41           printf("\n");
42       }
43       return 0;
44   }
```

### 3.1.3 ▶ Tic Tac Toe

井字遊戲（Tic Tac Toe）是一個在 3×3 的方格上玩的兒少遊戲。一個玩家 X 開始將一個「X」放置在一個未被佔據的方格位置上，然後另外一個玩家 O，則將一個「O」放置在一個未被佔據的方格位置上。「X」和「O」就這樣被交替地放置，直到所有的方格被占滿，或者有一個玩家的符號在方格中佔據了一整行（垂直、水平或對角）。

初始時，用 9 個點表示為空的井字遊戲方格，在任何時候放「X」或放「O」都會被放置在適當的位置上。圖 3.1-1 說明了從開始到結束的井字遊戲下棋步驟，最終玩家 X 獲勝。

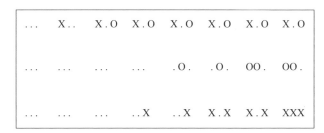

圖 3.1-1

請你編寫一個程式，輸入方格，確定其是不是有效的井字遊戲的一個步驟？也就是說，透過一系列的步驟可以在遊戲的開始到結束之間產生這一方格？

**輸入**

輸入的第一行提供 $N$，表示測試案例的數目。然後提供 $4N-1$ 行，說明 $N$ 個用空行分隔的方格圖。

**輸出**

對於每個測試案例，在一行中輸出「yes」或「no」，表示該方格圖是不是有效的井字遊戲的一個步驟。

| 範例輸入 | 範例輸出 |
|---|---|
| 2<br>X.O<br>OO.<br>XXX<br><br>O.X<br>XX.<br>OOO | yes<br>no |

**試題來源：** Waterloo local 2002.09.21

**線上測試：** POJ 2361，ZOJ 1908，UVA 10363

## ❖ 試題解析

由於玩家 X 先走且輪流執子，因此方格圖為有效的井字遊戲的一個步驟，一定同時呈現下述特徵：

1. 「O」的數目一定小於等於「X」的數目；

2. 如果「X」的數目比「O」多 1 個，那麼不可能是玩家 O 贏了井字遊戲；

3. 如果「X」的數目和「O」的數目相等，則不可能玩家 X 贏了井字遊戲。

也就是說，方格圖為無效的井字遊戲的一個步驟，至少呈現下述 5 個特徵之一：

1. 「O」的個數大於「X」的個數；

2. 「X」的個數至少比「O」的個數多 2；

3. 已經判斷出玩家 O 和玩家 X 同時贏；

4. 已經判斷出玩家 O 贏，但「O」的個數與「X」的個數不等；

5. 已經判斷出玩家 X 贏，但雙方棋子個數相同。

否則方格圖為有效的井字遊戲的一個步驟。

## ❖ 參考程式

```
01  #include<stdio.h>
02  char plant[4][4];
03  int i, j;
04  int win(char c)                              // 判斷是否贏
05  {
06      for(i=0; i<3; i++)
07      {
08          for(j=0; j<3 && plant[i][j]==c; j++)    // 判斷一行是否相同
09              if(j==2) return 1;
10          for(j=0; j<3 && plant[j][i]==c; j++)    // 判斷一列是否相同
11              if(j==2) return 1;
12      }
13      for(i=0; i<3 && plant[i][i]==c; i++)        // 判斷主對角線是否相同
14          if(i==2) return 1;
15      for(i=0; i<3 && plant[i][2-i]==c; i++)      // 判斷次對角線是否相同
16          if(i==2) return 1;
17      return 0;
18  }
19  int main()
20  {
21      int flag;                                // 用來標註是否合法
22      int n, xcount, ocount;
23      while(scanf("%d", &n)!=EOF)
24      {
25          getchar();
26          while(n--)
27          {
28              xcount=0;
29              ocount=0;
30              for(i=0; i<3; i++)               // 輸入方格
31                  scanf("%s", plant[i]);
32              flag=1;
33              for(i=0; i<3; i++)               // 計算「X」和「O」出現的次數,
34                                               // 判斷是否合法提供依據
35              {
36                  for(j=0; j<3; j++)
37                      if(plant[i][j]=='X')
38                          xcount++;
```

```
39                    else if(plant[i][j]=='O')
40                        ocount++;
41                    }
42        if(win('X') && win('O'))          // 兩個人同時贏
43            flag=0;
44        if(win('X') && xcount==ocount)    // X 贏了，但是雙方棋子一樣多
45            flag=0;
46        if(ocount>xcount ||xcount-ocount>1) // 「O」的個數大於「X」，「X」的
47                                          // 個數減「O」的個數大於 1
48            flag=0;
49        if(win('O') && ocount!=xcount)    // 判斷 O 贏，但是雙方棋子不等
50            flag=0;
51        if(win('X') && ocount==xcount)    // 判斷 X 贏，但是雙方棋子個數相同
52            flag=0;
53        if(flag)
54            printf("yes\n");
55        else
56            printf("no\n");
57        }
58    }
59    return 0;
60 }
```

討論函式，就要涉及全域變數和區域變數。全域變數，就是整個程式都可以
使用的變數。而區域變數就是只能在局部使用的變數，也就是說，只能在特
定的函式或副程式中存取的變數，它的範圍就在函式或副程式的內部。

之前的實作，函式中使用的變數都是全域變數。在「3.1.4 Factorial! You
Must be Kidding !!!」的參考程式中，我們在函式中定義了區域變數。

## 3.1.4 ▶ Factorial! You Must be Kidding !!!

Arif 在 Bongobazar 買了一台超級電腦。Bongobazar 是達卡（Dhaka）的二手
貨市場，因此他買的這台超級電腦也是二手貨，而且有一些問題。其中的一
個問題是這台電腦的 C/C++ 編譯器的無號長整數的範圍已經被改變了。現在
新的下限是 10000，上限是 6227020800。Arif 用 C/C++ 寫了一個程式，確定
一個整數的階乘。整數的階乘遞迴定義為：

$$\text{Factorial}(0)=1$$
$$\text{Factorial}(n)=n*\text{Factorial}(n-1)$$

當然，可以改變這樣的運算式，例如，可以寫成：

$$\text{Factorial}(n)=n*(n-1)*\text{Factorial}(n-2)$$

此一定義也可以轉換為迭代的形式。

但 Arif 知道，在這台超級電腦上，這一程式不可能正確地執行。請你編寫一個程式，模擬在正常電腦上的改變行為。

### 輸入

輸入包含若干行，每行提供一個整數 $n$。不會有整數超過 6 位元。輸入以 EOF 結束。

### 輸出

對於每一行的輸入，輸出一行。如果 $n!$ 的值在 Arif 電腦的無號長整數範圍內，則輸出行提供 $n!$ 的值；否則輸出行提供如下兩行之一：

```
Overflow!      // （當 n! > 6227020800）
Underflow!     // （當 n! < 10000）
```

| 範例輸入 | 範例輸出 |
|---|---|
| 2 | Underf low! |
| 10 | 3628800 |
| 100 | Overf low! |

**試題來源：** The Conclusive Contest- The decider. 2002

**線上測試：** UVA 10323

### ❖ 試題解析

本題題意非常簡單：提供 $n$，如果 $n!$ 大於 6227020800，則輸出「Overflow!」；如果 $n!$ 小於 10000，輸出「Underflow!」；否則，輸出 $n!$。

$F(n) = n \times F(n-1)$，並且 $F(0) = 1$。雖然負階乘通常未被定義，但本題在這一方面做了延伸：$F(0) = 0 \times F(-1)$，即 $F(-1) = \dfrac{F(0)}{0} = \infty$。則 $F(-1) = -1 \times F(-2)$，也就是 $F(-2) = -F(-1) = -\infty$。以此類推，$F(-2) = -2 \times F(-3)$，則 $F(-3) = \infty \cdots\cdots$。

首先，離線計算 $F[i] = i!$，$8 \le i \le 13$。

然後，對每個 $n$：

**1.** 如果 $8 \le n \le 13$，則輸出 $F[n]$；

**2.** 如果 $(n \ge 14 \| (n < 0 \&\& (-n)\%2 == 1))$，則輸出「Overflow!」；

**3.** 如果 $(n \le 7 \| (n < 0 \&\& (-n)\%2 == 0))$，則輸出「Underflow!」。

在參考程式中，函式 init( ) 離線計算 $F[i] = i!$，$0 \le i \le 13$。在函式中，迴圈變數 $i$ 為區域變數，而 $F[i]$ 則為全域變數。

## ❖ 參考程式

```
01   #include <iostream>
02   using namespace std;
03   const long long FACT1=10000, FACT2=6227020800;       // 下限和上限
04   const int N=13;
05   long long F[N + 1];
06   void init( )                                          // 離線計算 F[i]=i!，0≤i≤13
07   {
08       F[0]=1;
09       for(int i=1; i<=N; i++)
10           F[i]=i * F[i - 1];
11   }
12   int main()
13   {
14       init();
15        int n;
16       while(~scanf("%d", &n))
17           if(n > N || (n < 0 &&(-n)%2==1))
18               printf("Overflow!\n");
19           else if(F[n] < FACT1 || (n < 0 &&(-n)%2==0))
20               printf("Underflow!\n");
21           else
```

```
22              printf("%lld\n", F[n]);
23      return 0;
24  }
```

## 3.2    遞迴函式

程式呼叫自身的程式設計技巧稱為遞迴（Recursion），是副程式在其定義或說明中直接或間接呼叫自身的一種方法。

例如，對於自然數 $n$，階乘 $n!$ 的遞迴定義為 $n!=\begin{cases} 1 & n=0 \\ n\times(n-1)! & n\geq1 \end{cases}$。按階乘 $n!$ 的遞迴定義，求解 $n!$ 的遞迴函式 $\text{fac}(n)$ 如下。

```
int  fac(int n);
{
    if (n==0) return 1;              // 判斷遞迴邊界
    if (n>=1) return n*fac(n-1);     // 處理遞迴並傳回結果
}
```

從上述例子可以得出：首先，根據遞迴的定義提供遞迴函式，其次要有遞迴的邊界條件（結束條件），而遞迴的過程是向遞迴的邊界條件不斷逼近。

### 3.2.1 ▶ Function Run Fun

我們都愛遞迴！不是嗎？

請考慮一個有 3 個參數的遞迴函式 $w(a, b, c)$：

◆ 如果 $a\leq0$ 或 $b\leq0$ 或 $c\leq0$，則 $w(a, b, c)$ 傳回 1；

◆ 如果 $a>20$ 或 $b>20$ 或 $c>20$，則 $w(a, b, c)$ 傳回 $w(20, 20, 20)$；

◆ 如果 $a<b$ 且 $b<c$，則 $w(a, b, c)$ 傳回 $w(a, b, c-1)+w(a, b-1, c-1)-w(a, b-1, c)$；

◆ 否則，傳回 $w(a-1, b, c)+w(a-1, b-1, c)+w(a-1, b, c-1)-w(a-1, b-1, c-1)$。

這是一個很容易完成的函式。但其中的問題是，如果直接完成，對於取中間值的 $a$、$b$ 和 $c$（例如 $a=15$、$b=15$、$c=15$），由於存在大量遞迴，程式執行會非常耗時。

**輸入**

程式的輸入是一系列整數三元組，每行一個，一直到結束標示「$-1$ $-1$ $-1$」為止。請你有效率地計算 $w(a, b, c)$ 並輸出結果。

**輸出**

輸出每個三元組 $w(a, b, c)$ 的值。

| 範例輸入 | 範例輸出 |
|---|---|
| 1 1 1 | $w(1, 1, 1) = 2$ |
| 2 2 2 | $w(2, 2, 2) = 4$ |
| 10 4 6 | $w(10, 4, 6) = 523$ |
| 50 50 50 | $w(50, 50, 50) = 1048576$ |
| $-1$ 7 18 | $w(-1, 7, 18) = 1$ |
| $-1$ $-1$ $-1$ | |

**試題來源**：ACM Pacific Northwest 1999

**線上測試**：POJ1579

❖ **試題解析**

對於取中間值的 $a$、$b$ 和 $c$，由於存在大量遞迴，程式執行非常耗時。所以，本題的遞迴函式計算採用記憶化遞迴進行計算，用一個三維陣列 $f$ 來記憶遞迴的結果，$f[a][b][c]$ 用於記憶 $w(a, b, c)$ 的傳回值。

❖ **參考程式**

```
01   #include <stdio.h>
02   #include <string.h>
03   #define N 20
04   int f[N + 1][N + 1][N + 1];        // 三維陣列 f[a][b][c] 用於記憶 w(a, b, c)
05   int w(int a, int b, int c)         // 根據遞迴定義提供遞迴函式 w
```

```
06   {
07       if(a <=0 || b <=0 || c <=0) return 1;
08       else if(a > N || b > N || c > N) return w(N, N, N);
09       else if(f[a][b][c]) return f[a][b][c];      // f[a][b][c] 已經記憶 w(a,b,c)
10       else if(a < b && b < c) return f[a][b][c]=w(a, b, c - 1) + w(a, b - 1,
11           c - 1) - w(a, b - 1, c);
12       else return f[a][b][c]=w(a - 1, b, c) + w(a - 1, b - 1, c) + w(a - 1, b,
13           c - 1) - w(a - 1, b - 1, c - 1);
14   }
15   int main(void)
16   {
17       memset(f, 0, sizeof(f));                     // 三維陣列 f 初始化指定為 0
18       int a, b, c;
19       while(scanf("%d%d%d", &a, &b, &c) !=EOF) {    // 每次迴圈處理一個整數三元組
20           if(a==-1 && b==-1 && c==-1) return 0;
21           printf("w(%d, %d, %d)=%d\n", a, b, c, w(a,b,c));
22       }
23       return 0;
24   }
```

在「3.2.1 Function Run Fun」的基礎上，「3.2.2 Simple Addition」是一個遞迴巢狀的實作。

## 3.2.2 ▶ Simple Addition

定義一個遞迴函式 $F(n)$：

$$F(n)= \begin{cases} n\%10 & \text{若 } (n\%10)>0 \\ 0 & \text{若 } n=0 \\ F(n/10) & \text{其他} \end{cases}$$

定義另一個函式 $S(p, q)=\sum_{i=p}^{q} F(i)$。

提供 $p$ 和 $q$ 的值，求函式 $S(p, q)$ 的值。

**輸入**

輸入包含若干行。每行提供兩個非負整數 $p$ 和 $q$（$p \leq q$），這兩個整數之間用一個空格隔開，$p$ 和 $q$ 是 32 位元有號整數。輸入由包含兩個負整數的一行結束。程式不用處理這一行。

**輸出**

對於每行輸入，輸出一行，提供 $S(p, q)$ 的值。

| 範例輸入 | 範例輸出 |
|---|---|
| 1 10 | 46 |
| 10 20 | 48 |
| 30 40 | 52 |
| −1 −1 | |

**試題來源**：Warming up for Warmups, 2006

**線上測試**：UVA 10944

❖ **試題解析**

根據遞迴函式 $F(n)$ 的定義提供遞迴函式。因為 $p$ 和 $q$ 是 32 位元有號整數，$S(p, q)$ 的值可能會超出 32 位元有號整數，所以本題的變數型別定義為 long long int，即 64 位元有號整數。

因為 $q-p$ 可能高達 $2^{31}$，如果直接按題意，對於 $p \leq n \leq q$ 的每個 $n$，計算 $F(n)$ 並累加到 $S(p, q)$ 中，可能會導致程式超時。因此，要根據 $p$ 和 $q$ 之間的範圍，分而治之地進行最佳化：

1. 如果 $q-p<9$，根據 $S(p, q)=\sum_{i=p}^{q} F(i)$，直接遞迴計算每個 $F(i)$，並累加計算 $S(p, q)$。

2. 如果 $q-p \geq 9$，則分析遞迴函式 $F(n)$：如果 $n\%10 \neq 0$，即 $n$ 的個位數不為 0，則 $F(n)=n\%10$，即 $n$ 的個位數。因此，對於個位數不為 0 的 $n$，將其個位數計入總和。如果 $n\%10=0$，則 $F(n)=F(n/10)$，即在個位數為 0 時，就要將其十位數變為個位數，進行上述分析。

由此，提供本題的遞迴演算法：每一輪求出 $[p, q]$ 區間內數字的個位數的和，並計入總和，再將 $[p, q]$ 區間內個位數為 0 的數除以 10，產生新區間。進入下一輪，再求新區間內數字的個位數的和，並計入總和，而個位數為 0 的數除以 10，產生新區間。以此類推，直到 $[p, q]$ 區間內的數只有個位數。

例如，求 $S(2, 53)$，將範圍劃分為 3 個區間：$[2, 9]$、$[10, 50]$ 和 $[51, 53]$。

對於第 1 個區間 $[2, 9]$，個位數之和 $2+3+4+\cdots+9=44$；對於第 2 個區間 $[10, 50]$，個位數之和 $(1+2+\cdots+9) \times 4 = 45 \times 4 = 180$；對於第 3 個區間 $[51, 53]$，個位數之和 $1+2+3=6$。所以，第一輪，個位數的總和為 $44+180+6=230$。

在 $[10, 50]$ 中，$10$、$20$、$30$、$40$ 和 $50$ 的個位數是 $0$，將這些數除以 $10$ 後得到 $1$、$2$、$3$、$4$ 和 $5$，產生新區間 $[1, 5]$；進入第二輪，區間 $[1, 5]$ 中的數只有個位數，個位數之和 $1+2+3+4+5=15$。

最後，兩輪結果相加，得 $S(2, 53) = 230 + 15 = 245$。

❖ **參考程式**

```
01   #include <stdio.h>
02   #define ll long long
03   ll ans;                       // S(p, q) 的值
04   ll f(ll x)                    // 根據遞迴函式 F(n) 的定義提供遞迴函式
05   {   if (x==0)    return 0;
06       else if (x % 10)
07           return x % 10;
08       else
09           return  f(x / 10);
10   }
11   void solve(ll l, ll r)        // 計算 S(p, q) 的值
12   {
13       if (r - l < 9) {          // 如果 q-p<9，直接計算
14           for (int i=l; i <=r; i++)
15               ans +=f(i);
16           return;
17       }
18       while (l % 10) {          // 第 1 個區間，計算個位數之和
19           ans +=f(l);
20           l++;
21       }
22       while (r % 10) {          // 第 3 個區間，計算個位數之和
23           ans +=f(r);
24           r--;
25       }
26       ans +=45 * (r - l) / 10;  // 第 2 個區間，計算個位數之和
```

```
27        solve(l / 10, r / 10);              // 遞迴進入下一輪
28    }
29    int main ()
30    {
31        ll l, r;                            // p和q的值
32        while (scanf("%lld%lld", &l, &r), l >=0 || r >=0) {
33            ans=0;                          // 初始化
34            solve(l, r);
35            printf("%lld\n", ans);
36        }
37        return 0;
38    }
```

## 3.3　結構體

在 C 語言中，可以使用結構體（Struct）將一組不同型別的資料組合在一起。結構體的定義形式為：「struct 結構體名 { 結構體所包含的變數或陣列 };」。

### 3.3.1 ▶ A Contesting Decision

對程式設計競賽進行裁判是一項艱苦的工作，要面對要求嚴格的參賽選手，要做出乏味的決定，並要進行著單調的工作。不過，這其中也可以有很多的樂趣。

對於程式設計競賽的裁判來說，用軟體使評測過程自動化是一個很大的幫助，而一些比賽軟體存在的不可靠也使人們希望比賽軟體能夠更好、更可用。你是競賽管理軟體發展團隊中的一員。基於模組化設計原則，你所開發模組的功能是為參加程式設計競賽的隊伍計算分數並確定冠軍。提供參賽隊伍在比賽中的情況，確定比賽的冠軍。

記分規則如下：

一支參賽隊的記分由兩個部分組成：第一部分是被解出的題數；第二部分是罰時，表示解題總共的耗費時間、和試題沒有被解出前錯誤的提交所另加的

罰時。對於每個被正確解出的試題，罰時等於該問題被解出的時間加上每次錯誤提交的 20 分鐘罰時。在問題沒有被解出前不加罰時。

因此，如果一支隊伍在比賽 20 分鐘的時候在第二次提交解出第 1 題，他們的罰時是 40 分鐘。如果他們提交第 2 題 3 次，但沒有解決這個問題，則沒有罰時。如果他們在 120 分鐘提交第 3 題，並一次解出的話，該題的罰時是 120 分。這樣，該隊的成績是罰時 160 分，解出了兩道試題。

冠軍隊是解出最多試題的隊伍。如果兩隊在解題數上打成平手，那麼罰時少的隊是冠軍隊。

## 輸入

程式評判的程式設計競賽有 4 題。本題的設定是，在計算罰時後，不會導致隊與隊之間不分勝負的情況。

第 1 行為參賽隊數 $n$。

第 2 ～ $n+1$ 行為每個隊的參賽情況。每行的格式為：

<Name> <p1Sub> <p1Time> <p2Sub > <p2Time> ···<p4Time>

第一個元素是不含空格的隊名。後面是對於 4 道試題的解題情況（該隊對這一試題的提交次數和正確解出該題的時間（都是整數））。如果沒有解出該題，則解題時間為 0。如果一道試題被解出，提交次數至少是一次。

## 輸出

輸出一行。提供優勝隊的隊名，解出題目的數量以及罰時。

| 範例輸入 | 範例輸出 |
|---|---|
| 4<br>Stars 2 20 5 0 4 190 3 220<br>Rockets 5 180 1 0 2 0 3 100<br>Penguins 1 15 3 120 1 300 4 0<br>Marsupials 9 0 3 100 2 220 3 80 | Penguins 3 475 |

**試題來源：** ACM Mid-Atlantic 2003

**線上測試：** POJ 1581，ZOJ 1764，UVA 2832

## ❖ 試題解析

本題的參考程式用結構體表示參賽隊資訊，結構體 team_info 中包含參賽隊名、4 道題提交次數、4 道題解題時間、解題數，以及總罰時。所有的參賽隊則表示為一個結構體陣列 team。

設冠軍隊的隊名為 wname，解題數為 wsol，罰時為 wpt。

首先，依次讀入每個隊的隊名 name 和 4 道題的提交次數 subi、解題時間 timei，並計算每個隊的解題數和總罰時。

然後，依次處理完 $n$ 個參賽隊的資訊，若當前隊解題數最多，或雖同為目前最高解題數但罰時最少（(team[$i$].num＞wsol) ‖ (team[$i$].num＝＝wsol && team[$i$].time＜wpt)），則將當前隊暫設為冠軍隊，記下隊名、解題數和罰時。

在處理完 $n$ 個參賽隊的資訊後，wname、wsol 和 wpt 就是問題的解。

## ❖ 參考程式

```
01   #include <iostream>
02   #define maxn 30
03   #define maxs 1000
04   using namespace std;
05   struct team_info          // 結構體：參賽隊資訊
06   {
07       char name[maxn];      // 隊名
08       int subi[4];          // 4 題提交次數
09       int timei[4];         // 4 題解題時間
10       int num,time;         // 解題數和總罰時
11   } team[maxs];             // 參賽隊結構體陣列
12   int main()
13   {
14       int n;                // 參賽隊數 n
15       cin>>n;
16       memset(team,0,sizeof(0));
17       int i;
```

```
18      for(i=0;i<n;i++)              // 輸入 n 支參賽隊的參賽情況，並計算解題數和總罰時
19      {
20          cin>>team[i].name;
21          int j;
22          for(j=0; j<4;j++)
23              cin>>team[i].subi[j]>>team[i].timei[j];
24          team[i].num=team[i].time=0;
25          for(j=0; j<4;j++)      // 計算解題數和總罰時
26              if(team[i].timei[j]>0)
27              {
28                  team[i].num+=1;
29                  team[i].time+=team[i].timei[j]+(team[i].subi[j]-1)*20;
30              }
31      }
32      char wname[maxn];          // 冠軍隊的隊名
33      int wsol=-1;               // 冠軍隊的解題數
34      int wpt=1000000000;        // 冠軍隊的總罰時
35      for(i=0;i<n;i++)           // 計算冠軍隊
36          if ((team[i].num>wsol) || (team[i].num==wsol && team[i].time<wpt))
37          {
38              wsol=team[i].num;
39              wpt=team[i].time;
40              strcpy(wname,team[i].name);
41          }
42      cout<<wname<<" "<<wsol<<" "<<wpt<<endl;
43      return 0;
44  }
```

日期由年、月、日來表示，平面座標系由 X 座標和 Y 座標來表示，所以日期型別、座標型別可以用結構體來表示。實作「3.3.2 Maya Calendar」和實作「3.3.3 Diplomatic License」分別用結構體儲存日期型別和座標型別。

## 3.3.2 ▶ Maya Calendar

上週末，M.A. Ya 教授對古老的瑪雅有了一個重大發現。從一個古老的節繩（瑪雅人用於記事的工具）中，教授發現瑪雅人使用 Haab 曆法，一年有 365 天。Haab 曆法每年有 19 個月，在前 18 個月，每月有 20 天，月份的名字分別是 pop、no、zip、zotz、tzec、xul、yoxkin、mol、chen、yax、zac、ceh、mac、kankin、muan、pax、koyab、cumhu。這些月份中的日期用 0 ～ 19 表

示；Haab 曆的最後一個月叫作 uayet，它只有 5 天，用 0 ～ 4 表示。瑪雅人認為這個日期最少的月份是不吉利的：在這個月，法庭不開庭，人們不從事交易，甚至不打掃房屋。

瑪雅人還使用了另一個曆法，這個曆法稱為 Tzolkin 曆法（holly 年），一年被分成 13 個不同的時期，每個時期有 20 天，每一天用一個數字和一個單字相組合的形式來表示。使用的數字是 1 ～ 13，使用的單字共有 20 個，它們分別是 imix、ik、akbal、kan、chicchan、cimi、manik、lamat、muluk、ok、chuen、eb、ben、ix、mem、cib、caban、eznab、canac、ahau。注意，年中的每一天都有著明確唯一的描述，比如，在一年的開始，日期如下描述：1 imix, 2 ik, 3 akbal, 4 kan, 5 chicchan, 6 cimi, 7 manik, 8 lamat, 9 muluk, 10 ok, 11 chuen, 12 eb, 13 ben, 1 ix, 2 mem, 3 cib, 4 caban, 5 eznab, 6 canac, 7 ahau, 8 imix, 9 ik, 10 akbal……也就是說，數字和單字各自獨立循環使用。

Haab 曆和 Tzolkin 曆中的年都用數字 0、1、… 表示，數字 0 表示世界的開始。所以第一天被表示成：

Haab: 0. pop 0

Tzolkin: 1 imix 0

請你幫助 M.A. Ya 教授編寫一個程式，把 Haab 曆轉換成 Tzolkin 曆。

## 輸入

Haab 曆中的資料由如下的方式表示：

NumberOfTheDay. Month Year（日期 . 月份年數）

輸入中的第一行表示要轉化的 Haab 曆日期的資料量。接下來的每一行表示一個日期，年數小於 5000。

## 輸出

Tzolkin 曆中的資料由如下的方式表示：

Number NameOfTheDay Year（天數字　天名稱　年數）

第一行表示輸出的日期數量。下面的每一行表示一個輸入資料中對應的
Tzolkin 曆中的日期。

| 範例輸入 | 範例輸出 |
|---|---|
| 3 | 3 |
| 10. zac 0 | 3 chuen 0 |
| 0. pop 0 | 1 imix 0 |
| 10. zac 1995 | 9 cimi 2801 |

**試題來源：** ACM Central Europe 1995

**線上測試：** POJ 1008，UVA 300

### ❖ 試題解析

在參考程式中，Haab 曆和 Tzolkin 曆的月份分別用字串陣列 haab 和 tzolkin
表示；而日期型別由年、月、日組成，用結構體 data 表示。

假設 Haab 曆的日期為 year 年 month 月 date 天，則這一日期是從世界開始計
起的天數 current。

對於第 current 天來說，Tzolkin 曆的日期為 year 年的第 num 個時期內的
第 word 天。由於 Tzolkin 曆每年有 260 天（13 個時期，每時期 20 天），
因此若 current% 260 = 0，則表示該天是 Tzolkin 曆中某年最後一天，即
year = current/260 − 1，num = 13，word = 20 天；若 current % 260 ≠ 0，則 year = current
/260；num = (current % 13 == 0 ? 13 : current % 13)，word = (current − 1) %
20 + 1。

### ❖ 參考程式

```
01 #include <iostream>
02 #include <string>
03 using namespace std;
04 string haab[19]={"pop", "no", "zip", "zotz", "tzec", "xul", "yoxkin", "mol",
05     "chen", "yax", "zac", "ceh", "mac", "kankin", "muan", "pax", "koyab", "cumhu",
06     "uayet"};                              // Haab 曆
```

```
07 string tzolkin[20]={"imix", "ik", "akbal", "kan", "chicchan", "cimi", "manik",
08     "lamat", "muluk", "ok", "chuen", "eb", "ben", "ix", "mem", "cib", "caban",
09     "eznab", "canac", "ahau"};           // Tzolkin 曆
10 struct data
11 {
12     int date;
13     string month;
14     int year;
15 };                                       // 表示日期的結構體
16 void convert(data &x)
17 {
18     long current;
19     int i;
20     for(i=0; i<20; ++i)                   // 當前月份是 Haab 曆的哪個月
21         if(x.month==haab[i]) break;
22     current=x.year*365+i*20+x.date+1;     // 這一日期從世界開始計起的天數
23     int num,year=0;                       // num 為輸出中的數字，year 為輸出中的年份
24     string word;                          // word 為輸出中日期的名字
25     if(current%13==0)
26         num=13;
27     else
28         num=current%13;
29     while((current-260)>0)                // Tzolkin 曆一年 260 天
30     {
31         ++year;
32         current-=260;
33     }
34     if(current==0)
35         word="ahau";                      // 表示前一年的最後一天
36     else
37     {
38         while((current-20)>0)
39             current-=20;
40         if(current==0)
41             word="ahau";                  // 表示前一個月的最後一天
42         else
43             word=tzolkin[current-1];
44     }
45     cout<<num<<" "<<word<<" "<<year<<endl;
46 }
47 int main()
48 {
49     int i,n;
```

```
50    char ch;                              // 用於儲存輸入中的點（.）
51    cin>>n;
52    data *p=new data[n];
53    for(i=0;i<n;++i)
54        cin>>p[i].date>>ch>>p[i].month>>p[i].year;
55    cout<<n<<endl;
56    for(i=0;i<n;++i)
57        convert(p[i]);
58    return 0;
59 }
```

### 3.3.3 ▶ Diplomatic License

為了儘量減少外交開支，世界各國討論如下。每一個國家最多只與一個國家
保持外交關係是不夠的，因為世界上有兩個以上的國家，有些國家不能透過
（一連串的）外交官進行相互交流。

本題設定每個國家最多與另外兩個國家保持外交關係。平等對待每個國家是
一條不成文的外交慣例。因此，每個國家都與另外兩個國家保持外交關係。

國際地形學家提出了一種適合這一需求的結構。他們將安排國家組成一個
圈，使得每個國家都與其左右兩個鄰國建立外交關係。在現實世界中，一個
國家的外交部是設在這個國家的首都。為了簡單起見，本題設定，首都的位
置是二維平面上的一個點。如果你用直線把保持外交關係的相關國家的外交
部連起來，結果就是一個多邊形。

現在，要為兩個國家之間的雙邊外交會議設定地點。同樣地，出於外交原
因，兩國的外交官前往該地點的距離必須相等。為了提高效率，應儘量縮短
行駛距離，請你為雙邊外交會議做好準備。

**輸入**

輸入提供若干測試案例。每個測試案例首先提供數字 $n$，表示涉及 $n$ 個國
家。本題設定 $n \geq 3$ 是一個奇數。然後，提供 $n$ 對 $x$ 和 $y$ 座標，表示外交部的
位置。外交部的座標是絕對值小於 $10^{12}$ 的整數。國家的排列順序與它們在
輸入中出現的順序相同。此外，在列表中，第一個國家是最後一個國家的
鄰國。

**輸出**

對於每個測試案例，首先輸出測試案例中國家的數量（$n$），然後提供國家之間的雙邊外交會議地點位置的 $x$ 和 $y$ 座標。輸出的會議地點的順序應與輸入提供的順序相同。從排在最前的兩個國家的會議地點開始，一直到排在最後面的兩個國家的會議地點，最後輸出第 $n$ 個國家和第一個國家的會議地點。

| 範例輸入 | 範例輸出 |
|---|---|
| 5 10 2 18 2 22 6 14 18 10 18 | 5 14.000000 2.000000 20.000000 4.000000 18.000000 12.000000 12.000000 18.000000 10.000000 10.000000 |
| 3 −4 6 −2 4 −2 6 | 3 −3.000000 5.000000 −2.000000 5.000000 −3.000000 6.000000 |
| 3 −8 12 4 8 6 12 | 3 −2.000000 10.000000 5.000000 10.000000 −1.000000 12.000000 |

**提　　示：**國家之間組成一個圈可以被視為一個多邊形。

**試題來源：**Ulm Local 2002

**線上測試：**POJ 1939

❖ **試題解析**

本題提供 $n$ 個點的座標，這 $n$ 個點圍成一個多邊形，求這個多邊形的 $n$ 條邊的中點座標。最後一個中點座標是輸入的起點和終點的中點座標。

用結構表示點的 $x$ 和 $y$ 座標，由中點座標公式提供兩個相鄰點的中點座標。

❖ **參考程式**

```
01    #include <iostream>
02    using namespace std;
03    struct Point
04    {    long long x, y;
05    } first, last, now;                // x 和 y 座標的結構體表示
06    int n;                             // n 個國家
07    int main()
08    {
09        while (scanf("%d", &n) !=EOF)   // 每次迴圈處理一個測試案例
10        {
11            printf("%d ", n);
```

```
12          scanf("%lld%lld", &first.x, &first.y);        // 起點的座標
13          now=first;
14          for (int i=1; i < n; i++)                      // 使用中點座標公式
15          {        scanf("%lld%lld", &last.x, &last.y);
16                   printf("%.6f %.6f ", (last.x + now.x) / 2.0, (now.y + last.
17                       y) / 2.0);
18                   now=last;
19          }
20          printf("%.6f %.6f ", (last.x + first.x) / 2.0, (last.y + first.y) /
21              2.0);
22          putchar('\n');
23      }
24      return 0;
25  }
```

## 3.4　指標

在程式語言中，指標指向記憶體位址，指標變數是用來存放記憶體位址的變數。實作「3.4.1 "Accordian" Patience」是將指標和結構體結合，構成線性串列的鏈結儲存結構。

線性串列，就是一般所說的串列，是由相同型別的資料元素組成的有限、有序的集合，其特點是：線性串列中元素的個數是有限的；線性串列中元素是一個接一個有序排列的，除第一個資料元素外，每個資料元素都有一個前驅（頭），除最後一個資料元素外，每個資料元素都有一個後繼（尾）；所有的資料元素型別都相同；線性串列可以是空串列，即串列中沒有資料元素。

線性串列的鏈結儲存結構，是以結構體表示資料元素的型別，以指標將資料元素一個接一個地鏈結起來。

### 3.4.1 ▶ "Accordian" Patience

請你模擬 "Accordian" Patience 遊戲，規則如下。

玩家將一副撲克牌一張一張地發牌，從左到右排成一排，不能重疊。只要一張撲克牌和左邊的第一張牌或左邊的第三張牌相匹配，就將這張撲克牌移到被匹配的牌的上面。所謂兩張牌匹配是指這兩張牌的數值（數字或字母）相同或花色相同。每當移了一張牌之後，就再檢查看這張牌能否繼續往左移，每次只能移在牌堆頂部的牌。本遊戲可以將兩個牌堆變成一個牌堆，如果根據規則，可以將右側牌堆的牌一張一張地移到左側牌堆，就可以變成一個牌堆。本遊戲盡可能地把牌往左邊移動。如果最後只有一個牌堆，玩家就贏了。

在遊戲過程中，玩家可能會遇上一次可以有多種選擇的情況。當兩張牌都可以被移動時，就移動最左邊的牌。如果一張牌可以向左移動一個位置或向左移動三個位置，則將其移動三個位置。

### 輸入

輸入提供發牌的順序。每個測試案例由兩行（一對）所組成，每行提供 26 張牌，由單個空格字元分隔。輸入的最後一行提供一個「#」作為其第一個字元。每張撲克牌用兩個字元表示。第一個字元是面值（A＝Ace，2 ～ 9，T＝10，J＝Jack，Q＝Queen，K＝King），第二個字元是花色（C＝Clubs（梅花），D＝Diamonds（方塊），H＝Hearts（紅心），S＝Spades（黑桃））。

### 輸出

對於輸入中的每兩行（一副撲克牌的 52 張牌），輸出一行，提供在對應的輸入行進行遊戲後，每一堆撲克牌中剩餘的撲克牌的數量。

| 範例輸入 | 範例輸出 |
|---|---|
| QD AD 8H 5S 3H 5H TC 4D JH KS 6H 8S JS AC AS 8D 2H QS TS 3S AH 4H TH TD 3C 6S | 6 piles remaining: 40 8 1 1 1 1 |
| 8C 7D 4C 4S 7S 9H 7C 5D 2S KD 2D QH JD 6D 9D JC 2C KH 3D QC 6C 9S KC 7H 9C 5C | 1 piles remaining: 52 |
| AC 2C 3C 4C 5C 6C 7C 8C 9C TC JC QC KC AD 2D 3D 4D 5D 6D 7D 8D TD 9D JD QD KD | |
| AH 2H 3H 4H 5H 6H 7H 8H 9H KH 6S QH TH AS 2S 3S 4S 5S JH 7S 8S 9S TS | |
| JS QS KS | |
| # | |

**試題來源**：New Zealand 1989

**線上測試**：UVA 127，POJ 1214

## ❖ 試題解析

一副撲克牌總共 52 張。首先，將撲克牌從左往右一張張地排列。然後從左往右尋訪，如果該牌和左邊第一張牌或左邊第三張牌相匹配，那麼就將這張牌移到被匹配的牌上，形成牌堆；每次只能移動每堆牌最上面的一張牌。兩張牌匹配的條件是面值相同或者花色相同。每次移動一張牌後，還應檢查牌堆，看有沒有其他牌能往左移動；如果沒有，尋訪下一張牌，直到不能移動牌為止。最後，輸出每一堆撲克牌中剩餘的撲克牌的數量。

在參考程式中，撲克牌是以帶有指標變數的結構體表示，其中兩個字元變數 a 和 b 分別表示撲克牌的面值和花色，指標變數 pre 和 post 分別指向從左往右的順序中的前一張牌和後一張牌，而指標變數 down 則指向所在牌堆的下一張牌。這副撲克牌表示為一個三相鏈結串列，每一個牌堆用線性串列表示，而在牌堆頂部的牌，其 pre 和 post 分別指向前一個牌堆頂部的牌和後一個牌堆頂部的牌。

本題根據題目提供的規則，模擬發牌和移動牌的過程。這裡要注意，根據題意，應先比較左邊第三張牌，然後，再比較左邊第一張牌。

在參考程式中，由於頻繁地呼叫線性串列的操作函式，所以，相關的函式被宣告為行內函式（inline）。

## ❖ 參考程式

```
01    #include <stdio.h>
02    struct Node
03    {
04        int size;                                    // 為堆積頂端時的牌的張數
05        Node *pre, *post;                            // 前後指標
06        Node *down;                                  // 牌堆下一張牌的指標
07        char a, b;                                   // 面值和花色
08        Node () : pre(NULL), post(NULL), down(NULL), size(1) {}
09    };
```

```
10    inline void insertNode(Node *&m, Node *&n)        // 節點 n 替代節點 m
11    {
12        n->post=m->post;
13        n->pre=m->pre;
14        if (m->post) m->post->pre=n;                   // 如果節點 m 有前驅和後繼
15        if (m->pre) m->pre->post=n;
16    }
17    inline void takeoutNode(Node *&n)                  // 節點 n 從堆積頂端取走
18    {
19        if (n->down)                                   // 如果牌堆中有下一張牌
20        {
21            Node *down=n->down;
22            insertNode(n, down);
23            return;
24        }
25        if (n->pre) n->pre->post=n->post;              // 如果節點 n 有前驅和後繼
26        if (n->post) n->post->pre=n->pre;
27    }
28    inline void inStackNode(Node *&m, Node *&n) // 節點 n 放在節點 m 為堆積頂端的牌堆
29    {
30        n->size=m->size+1;
31        insertNode(m, n);
32        n->down=m;
33    }
34    inline bool checkMovable(Node *n, Node *m)         // 檢查節點 n 和節點 m 是否匹配
35    {
36        return n->a==m->a || n->b==m->b;
37    }
38    inline void pre3(Node *&n)                         // 左邊第三張
39    {
40        if (n->pre) n=n->pre;
41        if (n->pre) n=n->pre;
42        if (n->pre) n=n->pre;
43    }
44    inline void pre1(Node *&n)                         // 左邊第一張
45    {
46        if (n->pre) n=n->pre;
47    }
48    inline void deleteNodes(Node *&n)        // 刪除操作，用於每個測試案例之後，釋放空間
49    {
50        while (n)
51        {
52            Node *p=n->post;
```

```
53          while (n)
54          {
55              Node *d=n->down;
56              delete n; n=NULL;
57              n=d;
58          }
59          n=p;
60      }
61  }
62  int main()
63  {
64      Node *head=new Node;                  // 虛擬頭節點
65      while (true)
66      {
67          Node *it=new Node;
68          it->a=getchar();
69          if (it->a=='#') break;
70          it->b=getchar();
71          getchar();
72          head->post=it;                   // 串列初始化
73          it->pre=head;
74          for (int i=1; i < 52; i++)       // 當前測試案例，52 張牌構成線性串列
75          {
76              Node *p=new Node;
77              p->a=getchar();
78              p->b=getchar();
79              getchar();
80              it->post=p;
81              p->pre=it;
82              it=p;
83          }
84          bool checkMove=true;
85          while (checkMove)                // 移動牌規則
86          {
87              checkMove=false;
88              it=head->post;
89              while (it)
90              {
91                  Node *post=it->post;
92                  Node *p=it;
93                  pre3(p);                 // 左邊第三張牌是否匹配
94                  if (p && p !=head && checkMovable(p, it))
95                  {
```

```
96                   checkMove=true;
97                   takeoutNode(it);
98                   inStackNode(p, it);
99                   break;
100              }
101          p=it;
102          pre1(p);                    // 左邊第一張牌是否匹配
103          if (p && p !=head && checkMovable(p, it))
104          {
105              checkMove=true;
106              takeoutNode(it);
107              inStackNode(p, it);
108              break;
109          }
110          it=post;
111      }                               // while (it)
112   }                                  // while (checkMove && piles > 1)
113   it=head->post;
114   int piles=0;
115   while (it)                         // 遊戲結束時的堆積數
116   {
117       piles++;
118       it=it->post;
119   }
120   if (piles==1) printf("%d pile remaining:", piles);    // 輸出結果
121   else printf("%d piles remaining:", piles);
122   it=head->post;
123   while (it)
124   {
125       printf(" %d", it->size);
126       it=it->post;
127   }
128   putchar('\n');
129   deleteNodes(head->post);           // 刪除串列，釋放空間
130   }                                  // while (true)
131   delete head;
132   return 0;
133 }
```

在實作「3.4.2 Broken Keyboard (a.k.a. Beiju Text)」的參考程式中，使用了陣列模擬線性串列。

## 3.4.2 ▶ Broken Keyboard (a.k.a. Beiju Text)

你正在用一個壞鍵盤鍵入一個長文字。這個鍵盤的問題是 Home 鍵或 End 鍵常會在你輸入文字時被自動按下。你並沒有意識到這個問題，因為你只關注文字，甚至沒有打開顯示器。完成鍵入後，你打開顯示器，在螢幕上看到文字。在中文裡，我們稱之為悲劇。請你找到是悲劇的文字。

### 輸入

輸入提供若干測試案例。每個測試案例都是一行，包含至少一個、最多100000 個字母、底線及兩個特殊字元「[」和「]」；其中「[」表示 Home 鍵，而「]」表示 End 鍵。輸入以 EOF 結束。

### 輸出

對於每個測試案例，輸出在螢幕上的悲劇的文字。

| 範例輸入 | 範例輸出 |
|---|---|
| This_is_a_[Beiju]_text | BeijuThis_is_a__text |
| [[]][]Happy_Birthday_to_Tsinghua_University | Happy_Birthday_to_Tsinghua_University |

**試題來源：**Rujia Liu's Present 3: A Data Structure Contest Celebrating the 100th Anniversary of Tsinghua University

**線上測試：**UVA 11988

### ❖ 試題解析

對於每個輸入的字串，如果出現「[」，則輸入游標就跳到字串的最前面，如果出現「]」，則輸入游標就跳到字串的最後面。輸出實際上顯示在螢幕上的字串。

將輸入的字串表示為鏈結串列，再輸出。其中，每個字元為鏈結串列中的元素的資料，而指標指向按序輸出的下一個元素。

用陣列模擬鏈結串列：用陣列 next 代替鏈結串列中的 next 指標，例如，第一個字元 $s[1]$ 的下一個字元是 $s[2]$，則 next[1]=2。此外，對於鏈結串列，第 0 個元素不儲存資料，而是作為輔助頭節點，第一個元素開始儲存資料。

設定變數 cur 表示游標，cur 不是當前尋訪到的位置 $i$，表示位置 $i$ 的字元應該插入在 cur 的右側。如果當前字元為「[」，則游標 cur 就跳到字串的最前面，即 cur=0；如果當前字元為「]」，則游標就跳到字串的最後面，即 cur=last，其中變數 last 保存當前字串最右端的下標。

程式根據試題描述提供的規則進行模擬。

❖ **參考程式**

```
01   #include <bits/stdc++.h>
02   using namespace std;
03   #define maxl 100005                // 字串最長長度
04   int main( )
05   {
06       char s[maxl];                  // 輸入的字串
07       while(~scanf("%s",s+1))        // 每次迴圈處理一個測試案例
08       {
09           int Next[maxl]={0};        // 串列初始化
10           int cur=0, last=0;         // 指標變數 cur 和 last 如試題解析所述
11           for (int i=1; s[i]; ++i)   // 逐一處理輸入的字串
12           {
13               if(s[i]=='[')    cur=0;        // ' [ ',游標就跳到字串的最前面
14               else if(s[i]==']')    cur=last;  // ' ] ',游標就跳到字串的最後面
15               else
16               {
17                   Next[i]=Next[cur];           // 串列插入操作
18                   Next[cur]=i;
19                   if(cur==last)  last=i;       // last 的更新
20                   cur=i;                       // cur 的更新
21               }
22           }
23           for (int i=Next[0]; i !=0; i=Next[i])    // 輸出
24               if (s[i]!='['&&s[i]!=']')
25                   printf("%c",s[i]);
26           printf("\n");
27       }
28       return 0;
29   }
```

# Chapter 04
# 數學計算

本章在讀者練習過程式設計結構的基礎上，提供應用基本數學知識解決問題的實作，即在「輸入 - 處理 - 輸出」模式中，「處理」這一環節採用基本的數學知識解決問題。

## 4.1　幾何初步

本節提供運用平面幾何、立體幾何和解析幾何的知識，以及程式設計解決問題的實作。

### 4.1.1 ▶ Satellites

地球的半徑約為 6440 公里 [1]。有許多人造衛星圍繞著地球運轉。如果兩顆人造衛星對地球中心形成一個夾角，你能計算出這兩顆人造衛星之間的距離嗎？距離分別以弧距（arc distance）和弦距（chord distance）來表示。這兩顆人造衛星是在同一軌道上（本題設定這兩顆人造衛星是在一條圓形路徑而非橢圓路徑上，繞地球運轉），如圖 4.1-1 所示。

---

1　原題如此。地球的半徑約為 6371 公里。—編輯註

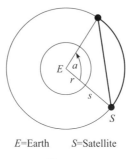

E=Earth    S=Satellite

圖 4.1-1

**輸入**

輸入包含一個或多個測試案例。

每個測試案例一行，提供兩個整數 $s$ 和 $a$，以及一個字串「min」或「deg」；其中 $s$ 是人造衛星與地球表面的距離，$a$ 是兩顆人造衛星對地球中心的夾角，以分（′）或者以度（°）為單位。輸入不會既提供分，又提供度。

**輸出**

對於每個測試案例，輸出一行，提供兩顆衛星之間的弧距和弦距，以公里為單位。距離是一個浮點數，保存小數點後 6 位數字。

| 範例輸入 | 範例輸出 |
|---|---|
| 500 30 deg | 3633.775503 3592.408346 |
| 700 60 min | 124.616509 124.614927 |
| 200 45 deg | 5215.043805 5082.035982 |

**試題來源**：THE ROCKFORD PROGRAMMING CONTEST 2001

**線上測試**：UVA 10221

❖ **試題解析**

角度的單位是度和分，繞圓一週為 360°，1° 可以再細分成 60′。已知圓心角的角度為 angle（以度為單位），0≤angle≤180°，半徑為 $r$，弧距 arc_dist 和弦距 chord_dist 分別為：$arc\_dist = 2\pi \times r \times \dfrac{angle}{360}$，$chord\_dist = r \times \sin\left(\dfrac{angle \times \pi}{2 \times 180}\right)$ $\times 2$。如果 angle 以分為單位，則 $arc\_dist = 2\pi \times r \times \dfrac{angle}{360 \times 60}$，$chord\_dist = r \times$ $\sin\left(\dfrac{angle \times \pi}{2 \times 80 \times 60}\right) \times 2$。

對於本題，要注意提供的夾角大於 180° 的情況。

由於本題求解過程使用了三角函數 sin，在 C++ 中使用 sin，要加上「#include <cmath>」。

❖ **參考程式**

```
01   #include<iostream>
02   #include<cmath>
03   using namespace std;
04   const double r=6440;                    // 地球半徑
05   int main()
06   {
07       double ss, as;                      // ss 為衛星與地球表面的距離，
08                                           // as 為兩顆衛星對地球中心的夾角
09       char s[10];                         // 保存「min」或「deg」
10       while(cin>>ss>>as>>s){
11           if(s[0]=='m')
12               as=as/60;                   // 分轉換為度
13           double angle=M_PI*as/180;
14           double arc=angle*(ss+r);        // 弧距
15           double dis=2*(ss+r)*sin(angle/2);   // 弦距
16           if(as>180) arc=2*M_PI*(ss+r)-arc;   // 夾角大於 180° 的情況
17           printf("%.6f %.6f\n",arc, dis);
18       }
19       return 0;
20   }
```

## 4.1.2 ► Fourth Point !!

已知平行四邊形中兩條相鄰邊的端點的 $(x, y)$ 座標，請找到第 4 個端點的 $(x, y)$ 座標。

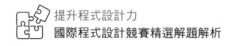

## 輸入

輸入的每行提供 8 個浮點數：首先，提供第一條邊的一個端點和另一個端點的 $(x, y)$ 座標；然後，提供第二條邊的一個端點和另一個端點的 $(x, y)$ 座標。所有的座標均以公尺為單位，精確到公釐。所有的座標的值都在 $-10000 \sim +10000$ 之間。輸入以 EOF 終止。

## 輸出

對於每行輸入，輸出平行四邊形第 4 個端點的 $(x, y)$ 座標，以公尺為單位，精確到公釐，用一個空格隔開 $x$ 和 $y$。

| 範例輸入 | 範例輸出 |
| --- | --- |
| 0.000 0.000 0.000 1.000 0.000 1.000 1.000 1.000 | 1.000 0.000 |
| 1.000 0.000 3.500 3.500 3.500 3.500 0.000 1.000 | $-2.500$ $-2.500$ |
| 1.866 0.000 3.127 3.543 3.127 3.543 1.412 3.145 | 0.151 $-0.398$ |

**試題來源：** The World Final Warmup (Oriental) Contest 2002

**線上測試：** UVA 10242

## ❖ 試題解析

已知平行四邊形中兩條相鄰邊的端點座標，求第 4 個端點的座標。要注意的是，對於兩條相鄰邊的端點座標，會有兩個端點的座標是重複的，因此，要判定哪兩個端點的座標是重複的。

假設已知的平行四邊形中兩條相鄰邊的端點座標為 $(x_0, y_0)$、$(x_1, y_1)$、$(x_2, y_2)$ 和 $(x_3, y_3)$，$(x_0, y_0) = (x_3, y_3)$，求第 4 個端點的座標 $(x_a, y_b)$，則有 $x_a - x_2 = x_1 - x_0$，$y_a - y_2 = y_1 - y_0$，因此可得 $x_a = x_2 + x_1 - x_0$，$y_a = y_2 + y_1 - y_0$。

在 C++ 參考程式中，使用了交換函式 swap。交換函式 swap 包含在命名空間 std 裡面，使用 swap，不用擔心交換變數精確度的缺失，無須另增臨時變數，也不會增加空間複雜度。

### ❖ 參考程式

```
01  #include <iostream>
02  using namespace std;
03  typedef struct
04  {
05      double x, y;
06  }point;                                    // 端點座標
07  int main()
08  {
09      point a, b, c, d, e;                   // a、b、c、d:相鄰邊的端點
10      while ( ~scanf("%lf%lf%lf%lf",&a.x,&a.y,&b.x,&b.y) ) {
11          scanf("%lf%lf%lf%lf",&c.x,&c.y,&d.x,&d.y);
12          // 調整,讓 b 和 c 座標相同
13          if ( a.x==c.x && a.y==c.y )
14              swap( a, b );
15          if ( a.x==d.x && a.y==d.y ) {
16              swap( a, b );swap( c, d );
17          }
18          if ( b.x==d.x && b.y==d.y )
19              swap( c, d );
20          e.x=a.x+d.x-c.x; e.y=a.y+d.y-c.y ;    // 第 4 個端點的座標
21          printf("%.3lf %.3lf\n",e.x,e.y);
22      }
23      return 0;
24  }
```

## 4.1.3 ▶ The Circumference of the Circle

要計算圓的周長似乎是一件容易的事,只需知道圓的直徑。但是,如果不知道呢?提供平面上 3 個非共線點的笛卡兒座標,你的工作是計算與這 3 個點相交的唯一的圓的周長。

### 輸入

輸入包含一個或多個測試案例,每個測試案例一行,包含 6 個實數 $x_1$、$y_1$、$x_2$、$y_2$、$x_3$ 和 $y_3$,表示 3 個點的座標。由這 3 個點確定的直徑不超過 1000000。輸入以檔案結束終止。

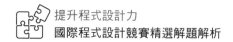
**輸出**

對每個測試案例，輸出一行，提供一個實數，表示 3 個點所確定圓的周長。
輸出的周長精確到兩位小數。Pi 的值為 3.141 592 653 589 793。

| 範例輸入 | 範例輸出 |
|---|---|
| 0.0 − 0.5 0.5 0.0 0.0 0.5 | 3.14 |
| 0.0 0.0 0.0 1.0 1.0 1.0 | 4.44 |
| 5.0 5.0 5.0 7.0 4.0 6.0 | 6.28 |
| 0.0 0.0 − 1.0 7.0 7.0 7.0 | 31.42 |
| 50.0 50.0 50.0 70.0 40.0 60.0 | 62.83 |
| 0.0 0.0 10.0 0.0 20.0 1.0 | 632.24 |
| 0.0 − 500000.0 500000.0 0.0 0.0 500000.0 | 3141592.65 |

**試題來源：** Ulm Local 1996

**線上測試：** POJ 2242，ZOJ 1090

### ❖ 試題解析

此題的關鍵是求出與這 3 個點相交的唯一圓的圓心。假設 3 個點分別為
$(x_0, y_0)$、$(x_1, y_1)$ 和 $(x_2, y_2)$，圓心為 $(x_m, y_m)$。本題採用初等幾何知識解題。

假 設 $a = \overline{|AB|}$、$b = \overline{|BC|}$、$c = \overline{|CA|}$、$p = \dfrac{a+b+c}{2}$，根 據 海 龍 公 式
$s = \sqrt{p(p-a)(p-b)(p-c)}$、三 角 形 面 積 公 式 $s = \dfrac{a \times b \times \sin(\angle ab)}{2}$ 和 正 弦 定 理
$\dfrac{a}{\sin(\angle bc)} = \dfrac{b}{\sin(\angle ac)} = \dfrac{c}{\sin(\angle ab)} =$ 外接圓直徑 $d$，可得出外接圓直徑 $d = \dfrac{a \times b \times c}{2 \times s}$ 和
外接圓周長 $l = d \times \pi$。

### ❖ 參考程式

```
01   #include<stdio.h>
02   #include<math.h>
03   #define PI 3.141592653589793
04   double length_of_side (double x1, double y1, double x2, double y2)
05     // 求邊長
06   {   double side;
```

```
07          side=sqrt((x1-x2)*(x1-x2)+(y1-y2)*(y1-y2));
08          return side;
09    }
10    double triangle_area (double side1, double side2, double side3)
11        // 求三角形面積：海龍公式
12    {    double p=(side1+side2+side3)/2;
13          double area=sqrt(p*(p-side1)*(p-side2)*(p-side3));
14          return area;
15    }
16    double diameter (double s, double a, double b, double c)        // 求直徑
17    {    double diam;
18          diam=a*b*c/2/s;
19          return diam;
20    }
21    int main()
22    {    double x1, y1, x2, y2, x3, y3, side1, side2, side3,s,d;
23          while((scanf("%lf %lf %lf %lf %lf %lf",&x1,&y1,&x2,&y2,&x3,&y3))!=EOF){
24              side1=length_of_side (x1,y1,x2,y2);            // 三角形三條邊的邊長
25              side2=length_of_side (x1,y1,x3,y3);
26              side3=length_of_side (x2,y2,x3,y3);
27              s=triangle_area (side1,side2,side3);          // 三角形面積
28              d=diameter (s,side1,side2,side3);             // 外接圓直徑
29              printf("%.2lf\n",PI*d);                       // 外接圓周長
30          }
31          return 0;
32    }
```

## 4.1.4 ► Titanic

這是一個歷史事件，在「鐵達尼號」的傳奇航程中，無線電已經接到了 6 封警告電報，報告了冰山的危險。每封電報都描述了冰山所在的位置。第 5 封警告電報被轉給了船長。但那天晚上，第 6 封電報被延誤，因為電報員沒有注意到冰山的座標已經非常接近當時船的位置。

請你編寫一個程式，警告電報員冰山的危險！

**輸入**

輸入電報資訊的格式如下：

```
Message #<n>.
Received at <HH>:<MM>:<SS>.
Current ship's coordinates are
<x1>^<x2>'<x3>" <NL/SL>
and <Y1>^<Y2>'<Y3>" <EL/WL>.
An iceberg was noticed at
<A1>^<A2>'<A3>" <NL/SL>
and <B1>^<B2>'<B3>" <EL/WL>.
= = =
```

這裡的 <n> 是一個正整數，<HH>:<MM>:<SS> 是接收到電報的時間；<x1>^<x2>'<x3>"<NL/SL> 和 <Y1>^<Y2>'<Y3>"<EL/WL>，表示北（南）緯 $x1$ 度 $x2$ 分 $x3$ 秒和東（西）經 $Y1$ 度 $Y2$ 分 $Y3$ 秒。

**輸出**

程式按如下格式輸出訊息：

```
The distance to the iceberg: <s> miles.
```

其中 <s> 是船和冰山之間的距離（即球面上船和冰山之間的最短路徑），精確到兩位小數。如果距離小於（但不等於）100 英里[2]，程式還要輸出一行文字「DANGER!」。

| 範例輸入 | 範例輸出 |
|---|---|
| Message #513. <br> Received at 22:30:11. <br> Current ship's coordinates are <br> 41^46'00" NL <br> and 50^14'00" WL. <br> An iceberg was noticed at <br> 41^14'11" NL <br> and 51^09'00" WL. <br> = = = | The distance to the iceberg: 52.04 miles. <br> DANGER! |

---

2　1 英里 =1609.344 公尺。—編輯註

**提　　示：** 為了簡化計算，假設地球是一個理想的球體，直徑為 6875 英
里 [3]，完全覆蓋著水。本題假設輸入的每行按範例輸入所顯示的換
行。船舶和冰山的活動範圍在地理座標上，即 0 ～ 90° 的北緯 /
南緯（NL/SL）和 0 ～ 180° 的東經 / 西經（EL/WL）。

**試題來源：** Ural Collegiate Programming Contest 1999

**線上測試：** POJ 2354，Ural 1030

## ❖ 試題解析

本題要求計算一個球體上兩點之間的距離。可直接採用計算球體上距離的公
式。如果距離小於 100 英里，則輸出「DANGER!」。

已知球體上兩點 $A$ 和 $B$ 的緯度和經度分別為 $(wA, jA)$ 和 $(wB, jB)$，計算 $A$
和 $B$ 之間的距離公式為 $dist(A, B) = R*arccos(cos(wA)*cos(wB)*cos(jA - jB) + sin(wA)*sin(wB))$，其中 $R$ 是球體的半徑，預設 'N' 和 'E' 為正方向，
'S' 和 'W' 為負方向。

本題對輸入的處理相對麻煩，先把經緯度的度、分、秒轉換為度，再根據東
西經、南北緯取正負號。在計算距離時，度轉換為弧度，然後根據球體上兩
點距離公式求船和冰山的距離。實作過程請參見參考程式。

## ❖ 參考程式

```
01   #include <iostream>
02   #include <cmath>
03   using namespace std;
04   double dist( double l1, double d1, double l2, double d2 )  // 計算兩點距離
05   {
06       double r=6875.0/2;                                    // 地球半徑
07       double p=acos(-1.0);                                  // π
08       l1 *=p/180; d1 *=p/180;                               // 度轉換為弧度
09       l2 *=p/180; d2 *=p/180;
10       return r*acos(cos(l1)*cos(l2)*cos(d1-d2)+sin(l1)*sin(l2)); // 距離
11   }
12   int main()
```

---

3　原題如此。地球的直徑約為 7918 英里。—編輯註

```
13  {
14      char    temp[100];
15      double d, m, s, l1, l2, d1, d2, dis;
16      for ( int i=0 ; i < 9 ; ++ i )
17          scanf("%s", temp);
18      scanf("%lf^%lf'%lf\" %s", &d, &m, &s, temp);        // 船的位置
19      l1=d+m/60+s/3600;                                   // 轉換為度
20      if ( temp[0]=='S' )                                 // 負方向
21          l1 *=-1;
22      scanf("%s",temp);
23      scanf("%lf^%lf'%lf\" %s.",&d,&m,&s,temp);
24      d1=d+m/60+s/3600;                                   // 轉換為度
25      if ( temp[0]=='W' ) d1 *=-1;                        // 負方向
26      for ( int i=0 ; i < 5 ; ++ i )
27          scanf("%s",temp);
28      scanf("%lf^%lf'%lf\" %s", &d, &m, &s, temp);        // 冰山的位置
29      l2=d+m/60+s/3600;
30      if ( temp[0]=='S' )
31          l2 *=-1;
32      scanf("%s",temp);
33      scanf("%lf^%lf'%lf\" %s.",&d,&m,&s,temp);
34      d2=d+m/60+s/3600;
35      if ( temp[0]=='W' )
36          d2 *=-1;
37      scanf("%s",temp);
38      dis=dist(l1,d1,l2,d2);                              // 船和冰山的距離
39      printf("The distance to the iceberg: %.2lf miles.\n",dis);
40      if ( floor(dis+0.005) < 100 )                       // 距離小於 100 英里
41          printf("DANGER!\n");
42      return 0;
43  }
```

## 4.1.5 ▶ Birthday Cake

Lucy 和 Lily 是雙胞胎,今天是她們的生日。媽媽給她們買了一個生日蛋糕。
現在蛋糕被放在一個笛卡兒座標系上,蛋糕的中心在 (0, 0),蛋糕的半徑長
度是 100。

蛋糕上有 $2N$（$N$ 為整數，$1 \leq N \leq 50$）個櫻桃。媽媽要用刀把蛋糕切成兩半（當然是直線）。雙胞胎自然是要得到公平的對待，也就是說，蛋糕兩半的形狀必須相同（即直線必須穿過蛋糕的中心），而且每一半的蛋糕必須都有 $N$ 個櫻桃。你能幫助她嗎？

這裡要注意，櫻桃的座標 $(x, y)$ 是兩個整數。你要以兩個整數 $A$、$B$（代表 $Ax+By=0$）的形式提供這條直線，$A$ 和 $B$ 在區間 $[-500, 500]$ 中。櫻桃不能在直線上。對於每個測試案例，至少有一個解決方案。

### 輸入

輸入包含多個測試案例。每個測試案例由兩部分組成：第一部分在一行中提供一個數字 $N$，第二部分由 $2N$ 行組成，每行有兩個數字，表示 $(x, y)$。兩個數字之間只有一個空格。輸入以 $N=0$ 結束。

### 輸出

對於每個測試案例，輸出一行，提供兩個數字 $A$ 和 $B$，在兩個數字之間有一個空格。如果有多個解決方案，則只要輸出其中一個即可。

| 範例輸入 | 範例輸出 |
| --- | --- |
| 2 | 0 1 |
| −20 20 | |
| −30 20 | |
| −10 −50 | |
| 10 −5 | |
| 0 | |

**試題來源**：Randy Game-Programming Contest 2001A

**線上測試**：UVA 10167

❖ **試題解析**

本題的第一行輸入 $N$，表示蛋糕上有 $2N$ 個櫻桃。接下來的 $2N$ 行，每行提供一個櫻桃的座標，因為蛋糕是一個以原點為圓心、半徑為 $100$ 的圓，所以座標值的範圍是 $[-100, 100]$。本題的輸出是一個直線方程式 $Ax+By=0$ 的 $A$ 和 $B$，範圍是 $[-500, 500]$。

本題採取列舉方法，在 $[-500, 500]$ 的範圍內列舉 $A$ 和 $B$，將櫻桃座標代入直線方程式 $Ax+By$。如果 $Ax+By$ 大於 $0$，則櫻桃在直線上方；如果 $Ax+By$ 小於 $0$，則櫻桃在直線下方；如果 $Ax+By$ 等於 $0$，則不允許，因為櫻桃不能在直線上。列舉至產生第一個解。

❖ **參考程式**

```
01   #include<iostream>
02   using namespace std;
03   const int N=50;
04   struct point {
05       int x;
06       int y;
07   };                          // 櫻桃的座標
08   int main () {
09       int num;                // 櫻桃 2*num 個
10       int count;
11       int left, right;        // 直線上方和下方的櫻桃數
12       int find;               // 找到解的標示
13       int A=0 , B=0;          // A 和 B 如題所述
14       int w;
15       point p[2 * N + 5];     // 櫻桃的座標點
16       while (cin >> num && num ) {
17           left=right=0;
18           find=0;
19           for (count=0 ; count < num * 2 ; count++) {      // 輸入櫻桃的座標
20               cin >> p[count].x;
21               cin >> p[count].y;
22           }
23           for (int i=-500 ; i < 500 ; i++) {   // 在 [-500, 500] 的範圍內列舉
24               for (int j=-500 ; j < 500 ; j++) {
25                   left=right=0;
26                   if (i * j==0)
27                       continue;
```

```
28              for (int k=0 ; k < count ; k++) {        // 列舉櫻桃
29                  if (p[k].x > 100 || p[k].y > 100 || p[k].x < -100 ||
30                      p[k].y < -100)
31                      continue;
32                  if (p[k].x * i + p[k]. y *j==0)        // 櫻桃不能在直線上
33                      break;
34                  if (p[k].x * i + p[k].y * j > 0)       // 櫻桃在直線上方
35                      left++;
36                  else
37                      right++;                           // 櫻桃在直線下方
38              }
39              if (left==right && left + right==count){
40                  // 列舉產生第一個解
41                  A=i;
42                  B=j;
43                  find=1;
44                  break;
45              }
46          }
47          if (find==1)
48              break;
49      }
50      cout << A << " " << B << endl;                    // 輸出解
51  }
52  return 0;
53 }
```

## 4.1.6 ▶ Is This Integration？

在圖 4.1-2 中，有一個正方形 *ABCD*，其中 *AB*=*BC*=*CD*=*DA*=*a*。以 4 個頂點 *A*、*B*、*C*、*D* 為圓心，以 *a* 為半徑，畫 4 個圓弧：以 *A* 為圓心的圓弧，從相鄰頂點 *B* 開始，到相鄰頂點 *D* 結束，所有其他的圓弧都以類似的方式畫出。如圖 4.1-2 所示，以這種方式在正方形中畫出了 3 種不同形狀的區域，每種區域用不同陰影表示。請計算不同陰影部分的總面積。

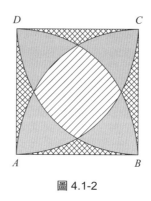

圖 4.1-2

## 輸入

輸入的每一行都提供一個浮點數 $a$（$0 \leq a \leq 10000$），表示正方形的邊長。輸入以 EOF 結束。

## 輸出

對於每一行的輸入，輸出一行，提供 3 種不同陰影部分的總面積：提供 3 個保留小數點後 3 位的浮點數，第一個數字表示條紋區域的總面積，第二個數字表示星羅棋佈區域的總面積，第三個數字表示其餘區域的面積。

| 範例輸入 | 範例輸出 |
|---|---|
| 0.1 | 0.003 0.005 0.002 |
| 0.2 | 0.013 0.020 0.007 |
| 0.3 | 0.028 0.046 0.016 |

**試題來源：**Math & Number Theory Lovers' Contest 2001

**線上測試：**UVA 10209

## ❖ 試題解析

本題已知正方形的邊長 $a$，要求計算三種不同陰影部分的總面積。如圖 4.1-3 所示，做輔助線畫一個等邊三角形，並且 3 種不同陰影部分的面積分別用 $x$、$y$ 和 $z$ 表示。

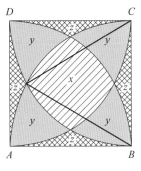

圖 4.1-3

$x+4y+4z=a^2$（正方形的面積）；$x+3y+2z=\dfrac{\pi a^2}{4}$（四分之一圓面積）；而 $z$

的面積是，正方形面積去掉等邊三角形的面積和兩個扇形的面積，其中扇形由正方形的邊和等邊三角形的邊構成，而兩個扇形的面積為六分之一圓面積，等邊三角形面積為 $\dfrac{\sqrt{3}}{4}a^2$，即 $z=a^2-\dfrac{\sqrt{3}}{4}a^2-\dfrac{\pi}{6}a^2$。將 $z$ 代入，得到

$$y=\left[\left(-1+\frac{\sqrt{3}}{2}\right)+\frac{\pi}{12}\right]a^2，x=\left(1-\sqrt{3}+\frac{\pi}{3}\right)a^2。$$

## ❖ 參考程式

```
01    #include<iostream>
02    #include<cmath>
03    using namespace std;
04    double a;                          // 正方形邊長
05    const double pi=3.141592653589793;
06    int main()
07    {
08        while (scanf("%lf",&a)!=EOF)      // 計算輸出 3 種陰影部分的總面積
09            printf("%.3lf %.3lf %.3lf\n", a*a*(1+pi/3-sqrt(3.0)), a*a*(pi/3+
10                2*sqrt(3.0)-4), a*a*(-2*pi/3+4-sqrt(3.0)));
11        return 0;
12    }
```

## 4.2　歐幾里得演算法和擴展的歐幾里得演算法

歐幾里得演算法用於計算整數 $a$ 和 $b$ 的最大公約數（Greatest Common Divisor，GCD）。整數 $a$ 和 $b$ 透過反覆應用除法運算直到餘數為 0，最後非 0 的餘數就是它們的最大公約數。歐幾里得演算法如下：

$$GCD(a, b) = \begin{cases} b & a=0 \\ GCD(b \bmod a, a) & \text{否則} \end{cases} = \begin{cases} a & b=0 \\ GCD(b \bmod a, b) & \text{否則} \end{cases}$$

「4.2.1 Simple division」是根據歐幾里得演算法解決問題的實作。

### 4.2.1 ▶ Simple division

被除數 $n$ 和除數 $d$ 之間的整數除法運算產生商 $q$ 和餘數 $r$。$q$ 是最大化 $q \times d$ 的整數，使得 $q \times d \le n$，並且 $r = n - q \times d$。

提供一組整數，且存在一個整數 $d$，使得每個提供的整數除以 $d$，所得的餘數相同。

**輸入**

輸入的每行提供一個由空格分隔的非零整數序列。每行的最後一個數字是 0，這個 0 不屬於這一序列。一個序列中至少有 2 個、至多有 1000 個數字，一個序列中的數字並不都是相等的。輸入的最後一行提供單個 0，程式不用處理該行。

**輸出**

對於每一行輸入，輸出最大的整數，使得輸入的每一個整數除以該數，餘數相同。

| 範例輸入 | 範例輸出 |
|---|---|
| 701 1059 1417 2312 0 | 179 |
| 14 23 17 32 122 0 | 3 |
| 14 −22 17 −31 −124 0 | 3 |
| 0 | |

**試題來源：** November 2002 Monthly Contest

**線上測試：** UVA 10407

### ❖ 試題解析

如果兩個不同的數除以一個除數的餘數相同，則這兩個不同數的差值一定是除數的倍數。利用差值列舉除數即可。

所以，本題的演算法為：先求出原序列的一階差分序列，然後求出所有非零元素的 GCD。

### ❖ 參考程式

```
01    #include <iostream>
02    using namespace std;
03    const int Maxn=1010;
04    int f[Maxn], n, Ans;
05    int GCD(int a, int b)                         // 求 GCD
06    {    if (b==0)
07             return a;
08        return GCD(b, a%b);
09    }
10    inline int Abs(int x)                         // 絕對值
11    {    return x>0? x: -x;   }
12    int main()
13    {
14        while (true)
15        {
16            n=0;
17            scanf("%d", &f[++n]);
18            if (f[n]==0) break;                   // 輸入的最後一行
19            while (f[n]!=0) scanf("%d", &f[++n]);  // 非零整數序列
20            n--;
```

```
21          for (int i=1; i<n; i++)              // 原序列的一階差分序列
22              f[i]=f[i]-f[i+1];
23          Ans=f[1];
24          for (int i=2; i<n; i++)              // 求出所有非零元素的GCD
25              Ans=GCD(f[i]==0? Ans: f[i], Ans);
26          printf("%d\n", Abs(Ans));
27      }
28      return 0;
29  }
```

提供不定方程式 $ax+by=\text{GCD}(a, b)$，其中 $a$ 和 $b$ 是整數，擴展的歐幾里得演算法可以用於求解不定方程式的整數根 $(x, y)$。

假 設 $ax_1+by_1=\text{GCD}(a, b)$，$bx_2+(a \bmod b)y_2=\text{GCD}(b, a \bmod b)$。 因 為 $\text{GCD}(a, b)=\text{GCD}(b, a \bmod b)$，$ax_1+by_1=bx_2+(a \bmod b)y_2$，又因為 $a \bmod b = a-\left\lfloor\dfrac{a}{b}\right\rfloor\times b$，$ax_1+by_1=bx_2+\left(a-\left\lfloor\dfrac{a}{b}\right\rfloor\times b\right)y_2=ay_2+b\left(x_2-\left\lfloor\dfrac{a}{b}\right\rfloor\times y_2\right)$， 所 以 $x_1=y_2$，$y_1=x_2-\left\lfloor\dfrac{a}{b}\right\rfloor\times y_2$。因此 $(x_1, y_1)$ 基於 $(x_2, y_2)$。重複這一遞迴過程計算 $(x_3, y_3)$，$(x_4, y_4)$，…，直到 $b=0$，此時 $x=1$，$y=0$。所以，擴展的歐幾里得演算法如下。

```
int exgcd(int a, int b, int &x, int &y)
{
    if (b==0) {x=1; y=0; return a;}
    int t=exgcd(b, a%b, x, y);
    int x0=x, y0=y;
    x=y0; y=x0-(a/b)*y0;
    return t;
}
```

## 4.2.2 ► Euclid Problem

由歐幾里得的輾轉相除法可知，對於任何正整數 $A$ 和 $B$，都存在整數 $X$ 和 $Y$，使 $AX+BY=D$，其中 $D$ 是 $A$ 和 $B$ 的最大公約數。本題要求對於已知的 $A$ 和 $B$，找到對應的 $X$、$Y$ 和 $D$。

**輸入**

輸入提供一些行，每行由空格隔開的整數 $A$ 和 $B$ 組成，$A, B<1000000001$。

**輸出**

對於每行輸入，則輸出一行，該行由三個用空格隔開的整數 $X$、$Y$ 和 $D$ 組成。如果有若干個滿足條件的 $X$ 和 $Y$，那麼就輸出 $|X|+|Y|$ 最小的那對。如果還是有若干個 $X$ 和 $Y$ 滿足最小準則，則輸出 $X \leq Y$ 的那一對。

| 範例輸入 | 範例輸出 |
|---|---|
| 4 6 | −1 1 2 |
| 17 17 | 0 1 17 |

**試題來源**：Sergant Pepper's Lonely Programmers Club. Junior Contest 2001
**線上測試**：UVA 10104

❖ **試題解析**

本題直接採用擴展的歐幾里得演算法進行求解。

❖ **參考程式**

```
01    #include <iostream>
02    using namespace std;
03    int exgcd(int a, int b, int &x, int &y)
04    {
05        if (b==0) {x=1; y=0; return a;}
06        int t=exgcd(b, a%b, x, y);
07        int x0=x, y0=y;
08        x=y0; y=x0-(a/b)*y0;
09        return t;
10    }
11    int main()
12    {
13        int a,b,d,x,y;
14        while(scanf("%d%d",&a,&b)!=EOF)
15        {
16            d=exgcd(a,b,x,y);
```

```
17              printf("%d %d %d\n",x,y,d);
18      }
19      return 0;
20  }
```

「4.2.3 Dead Fraction」是一個利用歐幾里得演算法解決問題的實作。

## 4.2.3 ▶ Dead Fraction

Mike 正在拼命地要搶在最後一分鐘前完成他的論文。在接下來的三天裡，他要把所有的研究筆記整理成有條理的形式。但是，他注意到他自己做的計算非常草率。每當他要做算術運算時，就使用計算機，並把他認為有意義的答案記下來。當計算機顯示了一個重複的分數時，Mike 只記錄前幾個數字，後面跟著「...」。例如，他可能寫下「0.3333...」，而不是「1/3」。但現在，他的結果需要精確的分數。然而，他沒有時間重做每一次計算，所以需要你為他編寫一個自動推導原始分數的程式，而且要快！

本題假設原始分數是對應於所提供之數列的最簡單分數，也就是說，如果迴圈的部分有多種情形，就轉化為分母最小的那一個分數。此外，本題也假設 Mike 沒有遺漏掉重要的數字，而且十進位擴展中循環部分的任何數字都沒有被記錄（即使循環部分都是零）。

### 輸入
輸入提供若干測試案例。對於每個測試案例，都有一行形如「0.dddd...」的輸入，其中「dddd」是一個由 1 ～ 9 位數字組成的字串，數字不能全部都為零。在最後一個測試案例後，提供包含 0 的一行。

### 輸出
對於每個測試案例，輸出原始分數。

| 範例輸入 | 範例輸出 |
| --- | --- |
| 0.2... | 2/9 |
| 0.20... | 1/5 |
| 0.474612399... | 1186531/2500000 |
| 0 | |

**提　　示：**要注意到一個精確的小數有兩個循環的展開式，例如，

1/5 = 0.2000... = 0.19999...。

**試題來源：**Waterloo local 2003.09.27

**線上測試：**POJ 1930，UVA 10555

### ❖ 試題解析

本題要求將循環小數轉化為分數，例如，0.3333... 記為 0.3...，表示為分數 $\frac{1}{3}$。如果循環部分有多種情形，就轉化為分母最小的那一個分數。例如，對於 0.16...，可以是最後一位 6 循環出現，表示為分數 $\frac{1}{6}$，也可以是 16 循環出現，表示為分數 $\frac{16}{99}$，分母最小的分數是 $\frac{1}{6}$。

例如，對於循環小數 0.3454545...，0.3 是非循環部分，而此後的循環節有 2 位數字，組成的整數是 45，則 $0.3454545... = 0.3 + 0.0454545... = \frac{3}{10} + \frac{45}{990}$ $= \frac{3 \times (100 - 1) + 45}{990} = \frac{345 - 3}{990}$。

由上述分析，得出循環小數轉化為分數的步驟。假設循環小數有 $n$ 個數字，其中，循環節有 $k$ 個數字，在循環節前有 $n-k$ 個非循環數字。循環小數的 $n$ 個數字組成整數 $a$，$n-k$ 個非循環數字組成整數 $b$。循環小數轉化為分數的步驟如下。

分數的分母為 $k$ 個 9，再補 $n-k$ 個 0，分數的分子為 $a-b$，計算分母與分子的最大公因數（GCD）為 $g$，分母和分子都除以 $g$，化為最簡分數。

例如，對於 0.16...，最後一位 6 循環出現，所以循環小數有 2 個數字，其中，循環節有 1 個數字，在循環節前有 1 個非循環數字。循環小數的 $n$ 個數

字組成整數 16，非循環數字組成整數 1。所以，轉化為分數 $\frac{16-1}{90}+\frac{15}{90}=\frac{1}{6}$。如果 0.16... 是 16 循環出現，則轉化為分數 $\frac{16}{99}$。

對於本題，以字串輸入循環小數，將「0.」之後的字串轉化為整數；然後，列舉循環節的長度，計算分子和分母；最後，輸出分母最小的那一個分數。

### ❖ 參考程式

```
01    #include<stdio.h>
02    #include<string.h>
03    long int Tpow[10];
04    long int gcd(long int a, long int b)    // 輾轉相除法求 GCD
05    {
06        if(b==0)
07            return a;
08        else
09            return gcd(b,a%b);
10    }
11    void init(void)                          // 離線計算 10 的 n 次方，放入 Tpow 陣列
12    {
13        int i;
14        Tpow[0]=1;
15        for(i=1; i<10; i++)
16            Tpow[i]=Tpow[i-1]*10;
17    }
18    int main(void)
19    {
20        char str[200];                       // 循環小數
21        long int ans, a, b, c, temp, mina, minb, t, i;
22        init();
23        while(~scanf("%s",str))
24        {
25            if(str[0]=='0'&&strlen(str)==1)
26                break;
27            ans=0;
28            t=0;
29            mina=-1; minb=-1;
30            for(i=2; str[i]!='.'; i++)       // 把字串轉為整數，i 從 2 開始，
31                                             // 略去前面的「0.」
32            {
33                ans=ans*10+str[i]-'0';
34                t++;
```

```
35                    }
36            for(i=t;  i>0;  i--)
37            {
38                    c=ans;
39                    b=Tpow[t-i]*(Tpow[i]-1);        // 分母，i 個 9 拼上 t-i 個 0
40                    c=c/Tpow[i];                     // 非循環數字
41                    a=ans-c;                         // 分子
42                    temp=gcd(a,b);                   // 分子和分母的 GCD
43                    if(b/temp<minb||mina==-1)        // 產生分母小，約分
44                    {
45                        mina=a/temp;
46                        minb=b/temp;
47                    }
48            }
49            printf("%d/%d\n",mina,minb);          // 輸出結果
50    }
51  }
```

## 4.3    機率論初步

隨機現象是指這樣的客觀現象：當人們觀察它時，所得的結果不能預先確
定，而只是多種可能結果中的一種。在自然界和人類社會中，存在著大量的
隨機現象。擲硬幣就是最常見的隨機現象，可能出現硬幣的正面，也可能出
現硬幣的反面。機率論是研究隨機現象數量規律的數學分支。例如，連續多
次擲一枚均勻的硬幣，隨著投擲次數的增加，出現正面的機率即出現硬幣正
面的次數與投擲次數之比，逐漸穩定於 1/2。

本節提供機率論的程式設計實作。

### 4.3.1 ▶ What is the Probability ?

機率一直是電腦演算法中不可或缺的一部分。當確定性演算法（deterministic
algorithm）不能在短時間內解決一個問題時，就要用機率演算法。在本
題中，我們並不利用機率演算法來解決問題，只是要確定某個玩家的獲勝
機率。

有個遊戲是透過擲骰子之類的東西進行（並不設定它像普通骰子一樣有六個面）。當一個玩家擲骰子時，如果某個預定情況發生（比如骰子顯示 3 的一面朝上、綠色的一面朝上等），他就贏了。現在有 $n$ 個玩家。因此，先是第一個玩家擲骰子，然後是第二個玩家擲骰子，最後是第 $n$ 個玩家擲骰子，下一輪，先是第一個玩家擲骰子，以此類推。當一個玩家擲骰子得到了預定的情況，他就被宣佈為贏家，比賽終止。請確定其中一個玩家（第 $I$ 個玩家）的獲勝機率。

### 輸入

輸入首先提供一個整數 $s$（$s \leq 1000$），表示有多少個測試案例。接下來的 $s$ 行提供 $s$ 個測試案例。每行先提供一個整數 $n$（$n \leq 1000$），表示玩家人數；然後提供一個浮點數 $p$，表示單次擲骰子時成功事件發生的機率（如果成功事件是骰子顯示 3 的一面朝上，則 $p$ 是單次擲骰子時顯示 3 的一面朝上的機率。對於普通骰子，顯示 3 的一面朝上的機率是 1/6）；最後提供一個 $i$（$i \leq n$），表示要確定其獲勝機率的玩家的序號（序號從 1 到 $n$）。本題假設，在輸入中，沒有無效的機率（$p$）值。

### 輸出

對於每一個測試案例，在一行中輸出第 $i$ 個玩家獲勝的機率。輸出浮點數在小數點後總是有四位數字，如範例輸出所示。

| 範例輸入 | 範例輸出 |
|---|---|
| 2 | 0.5455 |
| 2 0.166666 1 | 0.4545 |
| 2 0.166666 2 | |

**試題來源：** Bangladesh 2001 Programming Contest

**線上測試：** UVA 10056

## ❖ 試題解析

如果第 $i$ 個玩家在第一輪贏，那麼，在第 $i$ 個玩家前的 $i-1$ 個玩家都沒有贏，則第 $i$ 個玩家在第一輪贏的機率為 $(1-p)^{i-1}\times p$；同理，如果第 $i$ 個玩家在第二輪贏，則贏的機率為 $(1-p)^{n+i-1}\times p$；以此類推，如果第 $i$ 個玩家在第 $k$ 輪贏，則贏的機率為 $(1-p)^{n(k-1)+i-1}\times p$；所以，根據加法原理和等比數列求和公式，第 $i$ 個玩家獲勝的機率計算如下：

$$
(1-p)^{i-1}\times p + (1-p)^{n+i-1}\times p + (1-p)^{2n+i-1}\times p + \cdots
$$
$$
= [(1-p)^{i-1}\times p]\times[1+(1-p)^n+(1-p)^{2n}+\cdots]
$$
$$
= [(1-p)^{i-1}\times p]\times\frac{1}{1-(1-p)^n}
$$

## ❖ 參考程式

```
01    #include<cstdio>
02    using namespace std;
03    int main()
04    {
05        int T, n, id;
06        double p;                             // p：如題所述的機率
07        scanf("%d", &T);                      // 測試案例數
08        while(T--)
09        {
10            scanf("%d%lf%d", &n, &p, &id);     // 輸入測試案例，變數涵義如題所述
11            double q=1-p;
12            double tmp=q;
13            for(int i=1; i<n; i++)
14                tmp*=q;
15            double a=1;
16            for(int i=1; i<id; i++)
17                a*=q;
18            printf("%.4lf\n",p==0?0:p*a/(1-tmp));    // 根據公式求解
19        }
20        return 0;
21    }
```

## 4.3.2 ▶ Burger

Clinton 夫婦的雙胞胎兒子 Ben 和 Bill 過 10 歲生日，派對在紐約百老匯 202 號的麥當勞餐廳舉行。派對有 20 個孩子參加，包括 Ben 和 Bill。Ronald McDonald 做了 10 個牛肉漢堡和 10 個芝士漢堡，當他為孩子們服務時，他先從坐在 Bill 左邊的女孩開始，而 Ben 坐在 Bill 的右邊。Ronald 擲一枚硬幣決定這個女孩是吃牛肉漢堡還是芝士漢堡，硬幣頭像的一面是牛肉漢堡，反面則是芝士漢堡。在輪到 Ben 和 Bill 之前，Ronald 對其他 17 個孩子也重複了這一過程。當 Ronald 來到 Ben 面前時，他就不用再擲硬幣了，因為沒有芝士漢堡了，只有兩個牛肉漢堡。

Ronald McDonald 對此感到非常驚訝，所以他想知道這類事情發生的機率有多大。對於上述過程，請你計算 Ben 和 Bill 吃同一種漢堡的機率。Ronald McDonald 總是烤製同樣數量的牛肉漢堡和芝士漢堡。

### 輸入

輸入的第一行提供測試案例數 $n$，後面提供 $n$ 行，每行提供一個在 [2, 4, 6,…, 100000] 中的偶數，表示出席派對的人數，包括 Ben 和 Bill。

### 輸出

輸出 $n$ 行，每行提供 Ben 和 Bill 得到相同類型漢堡的機率（精確到 4 位小數）。註：由於四捨五入的差異，輸出允許有 ±0.0001 的誤差。

| 範例輸入 | 範例輸出 |
|---|---|
| 3 | 0.6250 |
| 6 | 0.7266 |
| 10 | 0.9500 |
| 256 | |

**試題來源**：ACM Northwestern European Regionals 1996

**線上測試**：UVA 557

❖ 試題解析

如果 Ben 和 Bill 得到不一樣的漢堡，也就是說，拋硬幣要進行到最後，在這一過程中，每個人都要經歷拋硬幣決定吃哪種類型的漢堡。我們可以算出 Ben 和 Bill 得到不一樣漢堡的機率 $p$，然後 $1-p$ 即可。當派對有 $2i$ 個人時，機率 $p[i] = \dfrac{C(2i-2, i-1)}{2^{i-2}}$。

對於機率 $p[i]$，根據題目描述，資料範圍是 $1 \le i \le 50000$，可以採用離線和遞迴來求解，$p[i]=1$，$p[i+1] = \dfrac{(2i-1) \times p[i]}{2i}$。

❖ 參考程式

```
01   #include <stdio.h>
02   #include <string.h>
03   const int N=50000;              // 題目描述提供的資料範圍
04   double p[N];                    // 得到不一樣漢堡的機率
05   void init() {                   // 離線和遞迴計算得到不一樣漢堡的機率 p
06       p[1]=1;
07       for (int i=1; i < 50000; i++)
08           p[i + 1]=p[i] * (2 * i - 1) / (2 * i);
09   }
10   int main () {
11       init();                     // 離線計算
12       int cas, n;
13       scanf("%d", &cas);          // 測試案例數
14       while (cas--) {
15           scanf("%d", &n);
16           printf("%.4lf\n", 1 - p[n / 2]);       // 根據當前測試案例，直接代入
17       }
18       return 0;
19   }
```

## 4.3.3 ▶ Tribles

你有 $k$ 隻麻球，每隻麻球只活一天就會死亡。一隻麻球在死亡之前可能會生下一些新的小麻球，生下 $i$ 個麻球的機率為 $P_i$。已知 $m$，求 $m$ 天後所有麻球都死亡的機率。

**輸入**

輸入的第一行提供測試案例的數量 $N$，接下來提供 $N$ 個測試案例。每個測試案例的第一行提供 $n(1 \leq n \leq 1000)$、$k(0 \leq k \leq 1000)$ 和 $m(0 \leq m \leq 1000)$，接下來的 $n$ 行將提供機率 $P_0, P_1, \cdots, P_{n-1}$。

**輸出**

對於每個測試案例，輸出一行，首先輸出「case#x:」，然後輸出答案，絕對或相對誤差修正到 $10^{-6}$。

| 範例輸入 | 範例輸出 |
|---|---|
| 4 | Case #1: 0.3300000 |
| 3 1 1 | Case #2: 0.4781370 |
| 0.33 | Case #3: 0.6250000 |
| 0.34 | Case #4: 0.3164062 |
| 0.33 | |
| 3 1 2 | |
| 0.33 | |
| 0.34 | |
| 0.33 | |
| 3 1 2 | |
| 0.5 | |
| 0.0 | |
| 0.5 | |
| 4 2 2 | |
| 0.5 | |
| 0.0 | |
| 0.0 | |
| 0.5 | |

**試題來源：** ACM-ICPC World Finals Warmup 3, 2006

**線上測試：** UVA 11021

## ❖ 試題解析

每隻麻球只活一天，而在死前它可能會生下 $[0, n]$ 個新的麻球，生下 $i$ 個麻球的機率為 $p_i$。要求計算出 $m$ 天後所有麻球都死亡的機率（包括在第 $m$ 天前死亡的）。

有 $k$ 隻麻球，每隻麻球的後代是獨立存活的，所以如果某隻麻球及其後代死亡的機率是 $P$，那麼 $k$ 隻麻球及其後代全部死亡的機率是 $P^k$。

假設 $f(x)$ 為一隻麻球及其後代在 $x$ 天後全部死亡的機率，則 $f(i) = P_0 + P_1 f(i-1) + P_2 f(i-1)^2 + \cdots + P_{n-1} f(i-1)^{n-1}$。所以，$m$ 天後所有麻球都死亡的機率是 $f(m)^k$。

## ❖ 參考程式

```
01    #include<bits/stdc++.h>
02    using namespace std;
03    int n, k, m, T;                        // T為測試案例數，n、k和m的涵義如題所述
04    double f[1005], p[1005];               // f和p如解析所述
05    int main()
06    {
07        scanf("%d", &T);                   // 輸入測試案例數
08        for(int h=1;h<=T;++h)
09        {
10            scanf("%d%d%d",&n, &k, &m);     // 輸入測試案例
11            for(int i=0;i<n;++i)
12                scanf("%lf",&p[i]);
13            f[1]=p[0];
14            for(int i=2;i<=m;++i)           // 遞迴求解
15            {
16                f[i]=0;
17                for(int j=0;j<n;++j)
18                    f[i]+=p[j]*pow(f[i-1],j);
19            }
20            printf("Case #%d: %.7lf\n",h,pow(f[m],k));      // 輸出結果
21        }
22        return 0;
23    }
```

### 4.3.4 ► Coin Toss

有一個流行的狂歡節遊戲，一枚硬幣被拋到一張桌子上，而在桌子上有一個
由諸多方格所構成的區域。遊戲獎品取決於硬幣在靜止的時候所蓋到的方格
數量：蓋到的方格越多，獎品就越好。圖 4.3-1 提供了 5 種拋硬幣的情況。

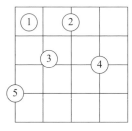

圖 4.3-1

在上述實例中：

◆ 硬幣 1 蓋到 1 塊方格；

◆ 硬幣 2 蓋到 2 塊方格；

◆ 硬幣 3 蓋到 3 塊方格；

◆ 硬幣 4 蓋到 4 塊方格；

◆ 硬幣 5 蓋到 2 塊方格。

這裡要說明的是，硬幣落在方格區域的邊界線上也是可以接受的（比如硬幣
5 的情況）。所謂一枚硬幣蓋到一塊方格，就是硬幣要蓋住方格的一部分面
積；也就是說，硬幣僅僅和方格的邊界線相切是不夠的。硬幣的圓心可以在
方格區域中的任何一點，機率都是一樣的。本題假設：硬幣總是平放在桌上
的；玩家可以保證硬幣的圓心總是在方格區域內或在方格的邊界線上。

一枚硬幣蓋到方格數量的機率取決於方格和硬幣的大小，以及方格區域內方
格的行數和列數。在本題中，請你編寫一個程式來計算一枚硬幣蓋到不同數
量方格的機率。

**輸入**

輸入的第一行是一個整數，表示測試案例數。對於每個測試案例，在一行中提供 4 個用空格隔開的整數 $m$、$n$、$t$ 和 $c$，其中，整個區域由 $m$ 行和 $n$ 列方格組成，方格每條邊的邊長為 $t$，硬幣的直徑為 $c$。本題設定 $1 \leq m$，$n \leq 5000$，$1 \leq c < t \leq 1000$。

**輸出**

對於每個測試案例，在一行中輸出測試案例的編號。然後提供 1 枚硬幣蓋到 1 塊、2 塊、3 塊和 4 塊方格的機率。機率表示為四捨五入到小數點後 4 位的百分數。使用範例輸出中提供的格式。請你使用倍精確度浮點數來執行計算。輸出「負零」（Negative Zero）時，不輸出負號。

在連續輸出的測試案例之間用空行分隔。

| 範例輸入 | 範例輸出 |
| --- | --- |
| 3<br>5 5 10 3<br>7 4 25 20<br>10 10 10 4 | Case 1:<br>Probability of covering 1 tile＝57.7600%<br>Probability of covering 2 tiles＝36.4800%<br>Probability of covering 3 tiles＝1.2361%<br>Probability of covering 4 tiles＝4.5239%<br><br>Case 2:<br>Probability of covering 1 tile＝12.5714%<br>Probability of covering 2 tiles＝46.2857%<br>Probability of covering 3 tiles＝8.8293%<br>Probability of covering 4 tiles＝32.3135%<br><br>Case 3:<br>Probability of covering 1 tile＝40.9600%<br>Probability of covering 2 tiles＝46.0800%<br>Probability of covering 3 tiles＝2.7812%<br>Probability of covering 4 tiles＝10.1788% |

**試題來源：** ACM Rocky Mountain 2007

**線上測試：** POJ 3440

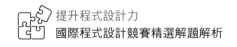

## ❖ 試題解析

對於本題，因為硬幣的圓心可以在整個區域中的任何一點，機率都是一樣的，所以我們將硬幣視為圓心一點，考慮硬幣的圓心位置與硬幣所蓋到的方格數目的關係，計算硬幣蓋到不同數目方格的情況的面積。而硬幣蓋到不同數目方格的情況，如圖 4.3-1 所示。

硬幣蓋到 2 塊方格，如圖 4.3-1 中的硬幣 2 和硬幣 5 所示，有兩種情況：

1. 硬幣 2 的情況。對於整個區域的每條兩個方格相接的內部邊界線，硬幣要在這些邊界線上，但不能在邊界線的兩端和其他方格相接。內部縱向邊界線有 $m(n-1)$ 條，內部橫向邊界線有 $n(m-1)$ 條，所以，一共有 $2 \times m \times n - n - m$ 條內部邊界線；對於每條內部邊界線，硬幣能夠蓋到 2 個方格，其圓心所能在的位置的面積為 $c \times (t-c)$；因此，硬幣的圓心所能在的位置的面積為 $c \times (t-c) \times (2 \times m \times n - n - m)$。

2. 硬幣 5 的情況。硬幣覆蓋兩個邊界方格和整個區域邊界線，兩個邊界方格和整個區域邊界線的交點一共有 $2 \times n + 2 \times m - 4$ 個；對於每個交點，硬幣的圓心能在的位置所覆蓋的面積為 $c \times (c/2)$；因此，硬幣的圓心所能在的位置的面積為 $c \times (c/2) \times (2 \times n + 2 \times m - 4)$。

硬幣蓋到 3 塊方格或 4 塊方格，如圖 4.3-1 中硬幣 3 和硬幣 4 的情況所示，在整個區域中，一共有 $(m-1) \times (n-1)$ 個內部交叉點，所以有 $(m-1) \times (n-1)$ 個區域可以放置硬幣，而每個區域的硬幣的圓心能在的位置所覆蓋的面積為 $c^2$。當交叉點到硬幣圓心的距離小於硬幣半徑時，硬幣蓋到 4 塊方格，硬幣的圓心能在的位置所覆蓋的面積是 $\pi c^2/4$。所以，硬幣蓋到 4 塊方格，其圓心所在的位置的總面積是 $(m-1) \times (n-1) \times \pi c^2/4$；而硬幣蓋到 3 塊方格的總面積是 $(m-1) \times (n-1) \times c^2 - (m-1) \times (n-1) \times \pi c^2/4$。

硬幣蓋到 1 塊方格的面積是整個區域的總面積（$n \times m \times t^2$）減去硬幣蓋到 2 塊方格、3 塊方格和 4 塊方格的面積。

由此，根據 1 枚硬幣蓋到 1 塊、2 塊、3 塊和 4 塊方格時，其圓心所在位置覆蓋的面積為分子，網格的總面積為分母，計算 1 枚硬幣蓋到 1 塊、2 塊、3 塊和 4 塊方格的機率。

此外，由於 $c < t$，本題不用考慮「負零」的情況；所謂負零，是指當一個浮點數運算產生了一個無限接近 0，並且沒有辦法正常表示出來的負浮點數，就產生負零。如果要考慮負零，則如參考程式所示，在計算 1 枚硬幣蓋到 1 塊方格，其圓心所在位置覆蓋的面積 $s1$ 之後，加一行「$s1 = \max(s1, 0.0);$」。

## ❖ 參考程式

```
01    #include <cstdio>
02    #include <cmath>
03    #include <algorithm>
04    using namespace std;
05    const double PI=acos(-1.0);
06    int main()
07    {
08        double m, n, c, t;                    // m、n、t 和 c 的涵義如題目描述
09        int T;                                // 測試案例數
10        scanf("%d", &T);
11        for(int cas=1 ; cas <=T ; cas++) {    // 一次迴圈處理一個測試案例
12            scanf("%lf%lf%lf%lf", &m, &n, &t, &c);
13            double sum=n * m * t * t;         // 整個區域的總面積
14            double s2=c * (t - c) * (2 * m * n - n - m) + c * (c / 2) * (2 * n +
15                2 * m - 4);                                    // 蓋到 2 塊
16            double s4=PI * c * c / 4.0 * (m - 1) * (n - 1);    // 蓋到 4 塊
17            double s3=(m - 1) * (n - 1) * c * c - s4;          // 蓋到 3 塊
18            double s1=sum - s2 - s3 - s4;                      // 蓋到 1 塊
19            // s1=max(s1, 0.0); 考慮負零
20            printf("Case %d:\n", cas);
21            printf("Probability of covering 1 tile=%.4f%%\n", s1 / sum * 100);
22            printf("Probability of covering 2 tiles=%.4f%%\n", s2 / sum * 100);
23            printf("Probability of covering 3 tiles=%.4f%%\n", s3 / sum * 100);
24            printf("Probability of covering 4 tiles=%.4f%%\n", s4 / sum * 100);
25            if(cas !=T) puts("");
26        }
27        return 0;
28    }
```

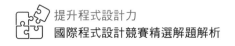
## 4.4　微積分初步

本節提供微積分導數的知識，以及編寫程式解決問題的實作。

### 4.4.1 ▶ 498-bis

在「線上測試試題集文件」（在線測試試題集文檔）中，有一道非常有趣的試題，編號為 498，題目名稱為「Polly the Polynomial」。坦白地說，我沒有去解這道試題，但我從這道試題衍生出了本題。

試題 498 的目的是「……設計這一試題是幫助你掌握基本的代數技能等等」。本題的目的也是幫助你掌握基本的求導代數技能。

試題 498 要求計算多項式 $a_0x^n + a_1x^{n-1} + \cdots + a_{n-1}x + a_n$ 的值。

本題則要求計算該多項式的導數的值，對該多項式求導，得到的多項式是 $a_0nx^{n-1} + a_1(n-1)x^{n-2} + \cdots + a_{n-1}$。

本題的所有輸入和輸出都是整數，也就是說，其絕對值小於 $2^{31}$。

**輸入**

程式輸入偶數行的文字。每兩行為一個測試案例；其中，第一行提供一個整數，表示 $x$ 的值；第二行則提供一個整數序列 $a_0, a_1, \cdots, a_{n-1}, a_n$，表示一組多項式係數。

輸入以 EOF 終止。

**輸出**

對於每個測試案例，將提供的 $x$ 代入求導後的多項式，並將多項式的值在一行中輸出。

| 範例輸入 | 範例輸出 |
|---------|---------|
| 7 | 1 |
| 1 – 1 | 5 |
| 2 | |
| 1 1 1 | |

**試題來源：** The Joint Open Contest of Gizycko Private Higher Education
Intsitute Karolex and Brest State University, 2002

**線上測試：** UVA 10268

## ❖ 試題解析

本題要求計算多項式的導數值。

## ❖ 參考程式

```
01   #include <cstdlib>
02   #include <cstring>
03   #include <cstdio>
04   using namespace std;
05   int main()
06   {
07       int x, a, temp;
08       while (scanf("%d",&x) !=EOF) {              // 每次迴圈處理一個測試案例
09           getchar();
10           temp=getchar();
11           int sum=0, ans=0;                       // ans：多項式求導的導數值
12           while (temp !='\n' && temp !=EOF) {
13               if (temp=='-' || temp >='0' && temp <='9') {
14                   ungetc(temp, stdin);
15                   scanf("%d",&a);
16                   ans=ans * x + sum;              // 遞迴求解
17                   sum=sum * x + a;
18               }
19               temp=getchar();
20           }
21           printf("%d\n",ans);
22       }
23       return 0;
24   }
```

## 4.4.2 ► Necklace

某個部落的人用一些稀有的黏土製作直徑相等的陶瓷圓環。項鍊由一個或多個圓環連接而成。圖 4.4-1 顯示了一條由 4 個圓環製成的項鍊，它的長度是每個圓環直徑的 4 倍。

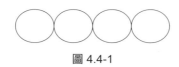

圖 4.4-1

每個圓環的厚度是固定的。直徑 $D$ 和黏土體積 $V$ 具有以下關係：

$$D = \begin{cases} 0.3\sqrt{V - V_0} & V > V_0 \\ 0 & V \le V_0 \end{cases}$$

其中，$V_0$ 是在黏土烘烤過程中被損耗掉的體積，單位和 $V$ 一樣。如果 $V \le V_0$，就不能製作陶瓷圓環。例如，如果 $V_{total} = 10$，$V_0 = 1$。如果我們用它做一個圓環，$V = V_{total} = 10$，$D = 0.9$。將黏土分為兩部分，每部分體積 $V = V_{total}/2 = 5$，則形成的每個圓環直徑 $D' = 0.3\sqrt{5-1} = 0.6$，這樣形成的項鍊長度為 1.2。

由上面的例子可知，項鍊的長度隨著圓環數量的變化而不同。請你編寫一個程式，計算出可以做的圓環的數量，使得形成的項鍊是最長的。

### 輸入

輸入的每行包含兩個數字，$V_{total}$（$0 < V_{total} \le 60000$）和 $V_0$（$0 < V_0 \le 600$），其涵義如上所述。輸入以 $V_{total} = V_0 = 0$ 結束。

### 輸出

輸出的每行提供可以製作圓環的數量，使得形成的項鍊是最長的。如果這一數字不唯一，或者根本無法形成項鍊，則輸出「0」。

| 範例輸入 | 範例輸出 |
|---|---|
| 10 1 | 5 |
| 10 2 | 0 |
| 0 0 | |

**線上測試**：UVA 11001

## ❖ 試題解析

假設黏土被分成 $n$ 份，則項鍊的長度為 $n \times D$，$f(n) = n \times D = n \times 0.3\sqrt{\dfrac{V_{total}}{n} - V_0}$。

由於根號運算會有一定的誤差，所以，考慮消除根號，$\dfrac{f(n)}{0.3} = n \times \sqrt{\dfrac{V_{total}}{n} - V_0}$，

得到新的方程式 $g(n) = \left(\dfrac{f(n)}{0.3}\right)^2 = n^2 \times \left(\dfrac{V_{total}}{n} - V_0\right) = n \times V_{total} - n^2 \times V_0$。經過上述過

程，所要求的答案成為使 $g(n)$ 最大的 $n$ 值。

對 $g(n)$ 求導，$g'(n) = V_{total} - 2nV_0$。在導函式 $g'(n)$ 為 0 時，$g(n)$ 有極值。所

以，$n = \dfrac{V_{total}}{2 \times V_0}$。

由於份數必須是整數，所以，在計算 $n$ 之後，要判斷最接近 $n$ 的整數。如參
考程式中所示，計算 $n$ 和對 $n$ 向下取整數的差。如果等於 0.5，表示有兩個整
數解，輸出 0；如果等於 0.5，則輸出 $n$ 向下取整數的值；否則輸出 $n$ 向上取
整數的值。

## ❖ 參考程式

```
01   #include <stdio.h>
02   #include <stdlib.h>
03   int main( )
04   {
05       double Vt, V0;                               // 表示 V_total 和 V_0
06       while (~scanf("%lf%lf",&Vt,&V0) && Vt+V0) {
07           if (Vt <=V0) {                           // V_total≤V_0，輸出 0
08               printf("0\n");
09           }else if (Vt <=2*V0) {                   // V_total≤2V_0，輸出 1
10               printf("1\n");
```

```
11          }else {                                    // 判斷最接近 n 的整數
12              if (0.5*Vt/V0 - (int)(0.5*Vt/V0)==0.5) {        // 兩個整數解
13                  printf("0\n");
14              }else if (0.5*Vt/V0 - (int)(0.5*Vt/V0) < 0.5){// n 向下取整數
15                  printf("%d\n",(int)(0.5*Vt/V0));
16              }else {                                  // n 向上取整數
17                  printf("%d\n",(int)(0.5*Vt/V0)+1);
18              }
19          }
20      }
21      return 0;
22  }
```

## 4.4.3 ▶ Bode Plot

考慮圖 4.4-2 提供的交流電路。本題假設電路處於穩定狀態。因此，在節點 1 和節點 2 等兩處的電壓分別可由公式 $v_1 = V_S \cos \omega t$ 和 $v_2 = V_R \cos(\omega t + \theta)$ 得知，其中 $V_S$ 是電源的電壓，$\omega$ 是角頻率（以弧度／秒為單位），$t$ 是時間，$V_R$ 是電阻 $R$ 兩端電壓下降的幅度，$\theta$ 是它的相位。

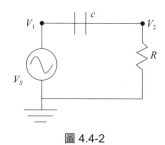

圖 4.4-2

請編寫一個程式，確定不同的 $\omega$ 值對應的 $V_R$ 值。你需要兩個電學定律來解決這個問題。第一個是歐姆定律，$v_2 = i \times R$，其中 $i$ 是在電路順時針流向的電流大小。第二個是 $i = C \times d/dt(v_1 - v_2))$，$i$ 與電容器兩端的電壓有關，「$d/dt(v_1 - v_2)$」意為對 $(v_1 - v_2)$ 關於 $t$ 進行求導。

## 輸入

輸入將由一行或多行組成。第一行包含三個實數和一個非負整數，實數按順序是 $V_S$、$R$ 和 $C$，整數 $n$ 是測試案例的數量。接下來的 $n$ 行輸入，每行一個實數，代表角頻率 $\omega$ 的值。

## 輸出

對於輸入中的每個角頻率，在一行輸出其對應的 $V_R$。每個 $V_R$ 的值輸出應四捨五入到小數點後的三位數。

| 範例輸入 | 範例輸出 |
|---|---|
| 1.0 1.0 1.0 9 | 0.010 |
| 0.01 | 0.032 |
| 0.031623 | 0.100 |
| 0.1 | 0.302 |
| 0.31623 | 0.707 |
| 1.0 | 0.953 |
| 3.1623 | 0.995 |
| 10.0 | 1.000 |
| 31.623 | 1.000 |
| 100.0 | |

**試題來源：** ACM Greater New York 2001
**線上測試：** POJ 1045，UVA 2284

## ❖ 試題解析

由歐姆定律 $v_2=i\times R$ 和 $v_2=V_R\times\cos(\omega t+\theta)$，可得到 $i\times R=V_R\times\cos(\omega t+\theta)$，再由 $i=C\times d(v_1-v_2)/dt$，以及 $v_1=V_S\times\cos(\omega t)$ 和 $v_2=V_R\times\cos(\omega t+\theta)$，可得到方程式：$R\times C\times d(V_S\times\cos(\omega t)-V_R\times\cos(\omega t+\theta))/dt=V_R\times\cos(\omega t+\theta)$；由求導公式 $d(\cos(x))/dx=-\sin(x)$，上述方程式可轉化為：$R\times C\times\omega\times(V_R\times\sin(\omega t+\theta)-V_S\times\sin(\omega t))=V_R\times\cos(\omega t+\theta)$。

如果 $\omega t+\theta=0$，或者 $\omega t=0$，則上述方程式可轉換為：$R \times C \times \omega \times V_S \times \sin(\theta) = V_R$ 和 $R \times C \times \omega \times \sin(\theta) = \cos(\theta)$。

由 $R \times C \times \omega \times \sin(\theta) = \cos(\theta)$，可得 $\cos(\theta) = R \times C \times \omega$。再由 $\sin^2(\theta) = \dfrac{1}{\cot^2(\theta)+1}$，

會得到 $\sin(\theta) = \sqrt{\dfrac{1}{\cot^2(\theta)+1}}$，所以 $\sin(\theta) = \sqrt{\dfrac{1}{R^2C^2\omega^2+1}}$，代入 $R \times C \times \omega \times V_S \times$

$\sin(\theta) = V_R$，得到 $V_R = R \times C \times \omega \times V_S \times \sqrt{\dfrac{1}{R^2C^2\omega^2+1}}$。

### ❖ 參考程式

```c
01  #include <stdio.h>
02  #include <math.h>
03  int main()
04  {
05      int i, n;                                   // n 是測試案例的數量
06      double VR, VS, R, C, w;                     // 如試題描述
07      scanf("%lf%lf%lf%d", &VS, &R, &C, &n);      // 如試題描述，輸入的第一行
08      for (i=0; i<n; i++)
09      {
10          scanf("%lf", &w);                       // 角頻率 ω 的值
11          VR=C*R*w*VS / sqrt(1+C*C*R*R*w*w);      // 根據公式求 VR
12          printf("%.3lf\n", VR);
13      }
14      return 0;
15  }
```

## 4.4.4 ▶ The Largest/Smallest Box ...

在圖 4.4-3 中，你看到一張矩形卡片。卡片寬度為 $W$，長度為 $L$，厚度為 0。從卡片的四個角剪下四個（$x \times x$）的正方形，用黑色虛線表示；然後，卡片沿著虛線折疊起來，做成一個沒有蓋子的盒子。

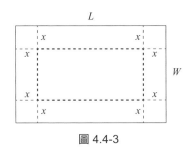

圖 4.4-3

本題提供矩形卡片的寬度和長度，請計算使盒子有最大和最小體積的 $x$ 值。

## 輸入

輸入有若干行。每行提供兩個正浮點數 $L$（$0<L<10000$）和 $W$（$0<W<10000$），分別表示矩形卡片的長度和寬度。

## 輸出

對於每一行輸入，程式輸出一行，提供用一個空格隔開的兩個或多個浮點數，浮點數應在小數點後包含三位數字。第一個浮點數表示使得盒子體積最大的 $x$ 的值，接下來的值（按升序排序）表示使得盒子體積最小的 $x$ 的值。

| 範例輸入 | 範例輸出 |
|:---:|:---:|
| 1 1 | 0.167 0.000 0.500 |
| 2 2 | 0.333 0.000 1.000 |
| 3 3 | 0.500 0.000 1.500 |

**試題來源：** Math & Number Theory Lovers' Contest, 2001
**線上測試：** UVA 10215

## ❖ 試題解析

如題所述，將卡片沿著虛線折疊起來，做成一個沒有蓋子的盒子。假設盒子的體積為 $f(x)$，則 $f(x) = x \times (L-2x) \times (W-2x) = 4x^3 - 2(L+W)x^2 + LWx$。

因為 $f(x) \geq 0$，所以盒子的體積最小值為 $0$，即 $x=0$ 或者 $x=\min(L/2, W/2)$，並且 $x$ 的取值範圍是 $[0, \min(L/2, W/2)]$。

計算體積最大值所對應的 $x$ 的值，就是對體積 $f(x)$ 求導，計算 $f'(x)$ 為 $0$ 時較小的 $x$ 的值。

$f(x)=12x^2-4(L+W)x+LW$，則 $x=\dfrac{4(L+W)-\sqrt{16(L+W)^2-4\times 12\times LW}}{2\times 12}$，

即 $x=\dfrac{(L+W)-\sqrt{L^2-LW+W^2}}{6}$。

本題加一個極小數 $1e-8$ 解決精確度表示問題。有些測試資料恰好位於進位的邊界上，例如 $2.0000000$ 和 $1.9999999$ 在表示上有差異，但在數值上卻是接近的。

### ❖ 參考程式

```
01   #include <cstdio>
02   #include <cmath>
03   double esp=1e-8;                          // 解決精確度表示問題
04   int main()
05   {
06       double L, W, x;                        // L、W、x 如題目描述
07       while (~scanf("%lf%lf",&L,&W)) {
08           x=(L+W-sqrt(L*L-L*W+W*W))/6.0+esp;    // 按公式計算 x
09           printf("%.3lf 0.000 %.3lf\n",x,esp+(W<L?0.5*W:0.5*L));
10       }
11       return 0;
12   }
```

## 4.5  矩陣計算

矩陣是線性代數的一個最基本的概念。本節提供矩陣的實作。

通常，用二維陣列表示矩陣。在實作「4.5.1 Symmetric Matrix」和「4.5.2 Homogeneous Squares」中，方陣用二維陣列表示。

## 4.5.1 ▶ Symmetric Matrix

提供一個方陣 $M$，這個矩陣的元素是 $M_{ij}$（$0<i<n$，$0<j<n$）。在本題中，請你判斷提供的矩陣是否對稱。

對稱矩陣是這樣一個矩陣，它的所有元素都是非負的，並且相對於這個矩陣的中心是對稱的。任何其他矩陣都被認為是非對稱的。例如：

$$M = \begin{bmatrix} 5 & 1 & 3 \\ 2 & 0 & 2 \\ 3 & 1 & 5 \end{bmatrix}$$ 是對稱的，而 $$M = \begin{bmatrix} 5 & 1 & 3 \\ 2 & 0 & 2 \\ 0 & 1 & 5 \end{bmatrix}$$ 則不是對稱的，因為 $3 \neq 0$。

請你判斷提供的矩陣是否對稱。在輸入中提供的矩陣元素為 $-2^{32} \leq M_{ij} \leq 2^{32}$，$0 < n \leq 100$。

### 輸入

輸入的第一行提供測試案例數 $T \leq 300$。接下來的 $T$ 個測試案例按照以下方式提供：每個測試案例的第一行提供 $n$，即方陣的維數；然後提供 $n$ 行，每行對應於矩陣的一行，包含 $n$ 個由空格字元分隔的元素。第 $i$ 行的第 $j$ 個數就是矩陣的元素 $M_{ij}$。

### 輸出

對於每個測試案例，輸出一行「Test #$t$: $S$」，其中 $t$ 是從 1 開始的測試案例的編號，如果矩陣是對稱的，則 $S$ 是「Symmetric」；否則，就是「Non-symmetric」。

| 範例輸入 | 範例輸出 |
|---|---|
| 2 | Test #1: Symmetric. |
| N=3 | Test #2: Non-symmetric. |
| 5 1 3 | |
| 2 0 2 | |
| 3 1 5 | |
| N=3 | |
| 5 1 3 | |
| 2 0 2 | |
| 0 1 5 | |

**試題來源：** Huge Easy Contest, 2007

**線上測試：** UVA 11349

## ❖ 試題解析

本題的方陣用二維陣列 $M[100][100]$ 表示。對稱矩陣的所有元素都是非負的，並且相對於這個矩陣的中心是對稱的。所以，如果有元素是負數，或者存在相對於中心不對稱的元素，即 $M[i][j] \neq M[N-1-i][N-1-j]$，則提供的方陣不是對稱的。

## ❖ 參考程式

```
01    #include <iostream>
02    using namespace std;
03    long long M[100][100];                    // 提供的方陣
04    int main()
05    {
06        int  T, N;                            // T為測試案例數，N為方陣的維數
07        char ch;
08        while (~scanf("%d", &T))
09        for (int t=1 ; t <=T ; ++ t) {
10            getchar();
11            scanf("N=%d", &N);                // 輸入當前測試案例
12            for (int i=0 ; i < N ; ++ i)
13                for (int j=0 ; j < N ; ++ j)
14                    scanf("%lld", &M[i][j]);
15            int flag=1;                       // 對稱矩陣標誌
16            for (int i=0 ; i < N ; ++ i) {    // 判斷是否非負，以及是否相對於矩陣
17                                              // 的中心對稱
18                for (int j=0 ; j < N ; ++ j)
19                    if (M[i][j] < 0 || M[i][j] !=M[N-1-i][N-1-j]) {
20                        flag=0;
21                        break;
22                    }
23                if (!flag) break;
24            }
25            printf("Test #%d: ",t);
26            if (flag)                         // 輸出
27                printf("Symmetric.\n");
28            else printf("Non-symmetric.\n");
```

```
29      }
30      return 0;
31  }
```

## 4.5.2 ▶ Homogeneous Squares

假設有一個大小為 $n$ 的正方形，它被劃分出 $n{\times}n$ 個位置，就像一個棋盤。如果存在兩個位置 $(x_1, y_1)$ 和 $(x_2, y_2)$，其中 $1 \le x_1, y_1, x_2, y_2 \le n$，這兩個位置佔據不同的行和列，即 $x_1 \ne x_2$ 並且 $y_1 \ne y_2$，則稱兩個位置是「獨立的」。更一般地說，如果 $n$ 個位置兩兩之間是獨立的，則稱這 $n$ 個位置是獨立的。因此有 $n!$ 種不同的選法選擇 $n$ 個獨立的位置。

設定在這樣一個 $n{\times}n$ 的正方形的每個位置上都寫有一個數。如果不管位置如何選擇，寫在 $n$ 個獨立位置上的數的和相等，這個正方形稱為「homogeneous」。請你編寫一個程式來確定一個提供的正方形是不是「homogeneous」的。

### 輸入

輸入包含若干個測試案例。

每個測試案例的第一行提供一個整數 $n$（$1 \le n \le 1000$）。接下來的 $n$ 行每行提供 $n$ 個數字，數字之間用一個空格字元分隔。每個數字都是在區間 $[-1000000, 1000000]$ 中的整數。

在最後一個測試案例後面跟著一個 0。

### 輸出

對於每個測試案例，按範例輸出中顯示的格式，輸出提供的正方形是否「homogeneous」。

| 範例輸入 | 範例輸出 |
|---|---|
| 2 | homogeneous |
| 1 2 | not homogeneous |
| 3 4 | |
| 3 | |
| 1 3 4 | |
| 8 6 −2 | |
| −3 4 0 | |
| 0 | |

**試題來源**：Ulm Local 2006

**線上測試**：POJ 2941

❖ **試題解析**

本題的每個測試案例是一個 $n \times n$ 方陣，選定不同行、不同列的 $n$ 個元素，並對選定的元素求和，如果對於每一種選法，在 $n$ 個獨立位置上的數的和相等，則輸出「homogeneous」，否則輸出「not homogeneous」。

因為方陣的規模較大，$1 \leq n \leq 1000$，所以直接列舉肯定會超時，可根據局部解遞迴如下的規律。

假設 3×3 的方陣為 $\begin{pmatrix} 1 & 2 & 3 \\ 4 & 5 & 6 \\ 7 & 8 & 9 \end{pmatrix}$，其每個 2×2 的子方陣為 $\begin{pmatrix} 1 & 2 \\ 4 & 5 \end{pmatrix}$、$\begin{pmatrix} 2 & 3 \\ 5 & 6 \end{pmatrix}$、$\begin{pmatrix} 4 & 5 \\ 7 & 8 \end{pmatrix}$ 和 $\begin{pmatrix} 5 & 6 \\ 8 & 9 \end{pmatrix}$ 符合「homogeneous」的條件，則該 3×3 的方陣即為「homogeneous」。

由這一局部解遞迴可推出以下的規律：對於一個 $n \times n$ 方陣，只要它所有的 $(n-1) \times (n-1)$ 子方陣是「homogeneous」，則該 $n \times n$ 方陣就是「homogeneous」；進一步遞迴可得，只要該 $n \times n$ 方陣的所有的 2×2 的子方陣符合兩對角線相加相等，則該 $n \times n$ 方陣即為「homogeneous」。

❖ **參考程式**

```
01   #include<iostream>
02   using namespace std;
03   int a[1001][1001];
04   int main()
05   {
06       int n;                           // n：方陣的大小
07       while(~scanf("%d", &n) && n)
08       {
09           int flag=1;
10           for(int i=1; i <=n; i++)
11               for(int j=1;j <=n; j++)    scanf("%d", &a[i][j]);   // 輸入方陣
12           for(int i=1; i < n; i++)          // 對每個 2×2 子方陣進行判斷
13               for(int j=1; j < n; j++)
14                   if(a[i][j]+a[i+1][j+1] !=a[i][j+1]+a[i+1][j])
15                                            // 2×2 子方陣對角線和
16                   {
17                       flag=0;
18                       goto there;         // 不是「homogeneous」，跳出迴圈
19                   }
20           there:
21               if(flag)    printf("homogeneous\n");
22               else        printf("not homogeneous\n");
23       }
24       return 0;
25   }
```

在「2.4.3.2 Jill Rides Again」實作中，提供一個一維陣列，求最大子序列和。
「4.5.3 To the Max」實作則是提供一個二維陣列，要求計算最大子矩形。

## 4.5.3 ► To the Max

提供一個由正整數和負整數組成的二維陣列，一個子矩形是指位於整個陣列
中大小為 1×1 或更大的任何連續子陣列。矩形的和是該矩形中所有元素的
和。在本題中，具有最大和的子矩形被稱為最大子矩形。

例如，有個二維陣列如下：

$$0 \ -2 \ -7 \ \ 0$$
$$9 \ \ 2 \ -6 \ \ 2$$
$$-4 \ \ 1 \ -4 \ \ 1$$
$$-1 \ \ 8 \ \ 0 \ -2$$

最大子矩形是在左下角：

$$9 \ 2$$
$$-4 \ 1$$
$$-1 \ 8$$

矩形的和是 15。

### 輸入

輸入提供一個由 $N \times N$ 個整數組成的陣列。輸入的第一行提供一個正整數 $N$，表示二維正方形陣列的大小。後面提供用空白字元（空格和分行符號）分隔的 $N^2$ 個整數。這些整數是陣列的 $N^2$ 個整數，以行為順序按行提供。也就是說，首先，第一行從左到右，提供第一行的所有數字；然後，再第二行從左到右，提供第二行的所有數字，以此類推，$N$ 的最大值可以是 100。陣列中數字的範圍是 $[-127, 127]$。

### 輸出

輸出最大子矩形的和。

| 範例輸入 | 範例輸出 |
| --- | --- |
| 4<br>0 –2 –7 0 9 2 –6 2<br>–4 1 –4 1 –1<br><br>8 0 –2 | 15 |

**試題來源：** ACM Greater New York 2001

**線上測試：** POJ 1050

❖ **試題解析**

本題透過將二維陣列轉化為一維陣列，然後再求最大子序列和，以此求解最大子矩形的和。首先，透過一個實例，說明如何將二維陣列轉化為一維陣列。

假設有矩陣 $\begin{pmatrix} 7 & -8 & 9 \\ -4 & 5 & 6 \\ 1 & 2 & -3 \end{pmatrix}$，現將同一列中的若干個數合併。例如從第一行開

始到第 2 行結束，每一列的和組成的序列為 3、-3、15，然後，求此序列的最大子序列和。求出後再與 max 比較，最後輸出的一定是最大子矩形。

所以，本題解題過程如下。

1. 第一輪：第一次僅第 1 行合併，第二次第 1、2 行合併，第三次第 1、2、3 行合併，依次類推。分別求出合併後的最大子矩形，作為局部最大值，即包含第 1 行的最大子矩形在第一輪求出。

2. 第二輪：第一次僅第 2 行合併，第二次第 2、3 行合併，第三次第 2、3、4 行合併，依次類推。分別求出合併後的最大子矩形，作為局部最大值，即包含第 2 行的最大子矩形在第二輪求出。

3. 第三輪：第一次僅第 3 行合併，第二次第 3、4 行合併，第三次第 3、4、5 行合併，依次類推。分別求出合併後的最大子矩形，作為局部最大值，即包含第 3 行的最大子矩形在第三輪求出。

以此類推。

❖ **參考程式**

```
01    #include <iostream>
02    using namespace std;
03    #define INF 0x3f3f3f3f
04    const int SZ=102;
05    int d[SZ][SZ];                    // 輸入陣列
06    int s[SZ];
07    int MaxArray(int a[],int n)       // 最大子序列和
08    {
09        int m=-INF;
```

```
10      int tmp=-1;
11      for(int i=0;i<n;i++){
12          if(tmp>0)
13              tmp+=a[i];
14          else
15              tmp=a[i];
16          if(tmp>m)
17              m=tmp;
18      }
19      return m;
20  }
21  int main()
22  {
23      int i,j,k,n;
24      cin>>n;
25      for(i=0;i<n;i++)
26          for(j=0;j<n;j++)
27              cin>>d[i][j];        // 輸入二維陣列
28      int ans=-INF, tmp;           // ans：最大子矩形初始化
29      for(i=0;i<n;i++){            // 演算法過程如試題解析中所述
30          memset(s,0,sizeof(int)*n);
31          for(j=i;j<n;j++){
32              for(k=0;k<n;k++)
33                  s[k]+=d[j][k];
34              tmp=MaxArray(s,n);
35              if(tmp>ans)
36                  ans=tmp;
37          }
38      }
39      cout<<ans<<endl;
40      return 0;
41  }
```

# Chapter 05
# 排序

排序（Sorting）就是將一個資料元素（或紀錄）的任意序列，重新排列成一個按關鍵字排序的有序序列。

最簡單而且直觀的排序演算法是選擇排序、插入排序和泡沫排序，它們的時間複雜度都是 $O(n^2)$。

為了提高排序速度，人們不斷改進上述演算法。C. A. R. Hoare 在 1960 年提出快速排序演算法，它的平均時間複雜度是 $O(n\log_2 n)$，而最壞情況下的執行時間仍然是 $O(n^2)$。在此基礎上，在 1960 年代，合併排序、基數排序等一些比較成熟的排序演算法也被提出。

本章展開排序演算法的程式設計實作。首先，提供執行時間為 $O(n^2)$ 的排序演算法，即選擇排序、插入排序、泡沫排序的實作；然後，提供平均時間複雜度為 $O(n\log_2 n)$ 的合併排序、快速排序的實作；接下來的程式設計實作，則以排序函式以及結構體進行排序。

有關排序演算法，簡介如下。

**1. 選擇排序（Selection Sort）**

選擇排序是一種簡單且直觀的排序演算法。第一次從待排序的資料元素中選出最小（或最大）的元素，存放在序列的起始位置；然後再從剩餘的未排序元素中尋找到最小（或最大）元素，放到已排序的序列的末尾；以此類推，直到全部待排序的資料元素的個數為零。

**2.** 直接插入排序（Straight Insertion Sort）

插入排序也被稱為直接插入排序，它是一種最簡單的排序方法：將一條紀錄插入到已排好的有序串列中，進而得到一個新的、紀錄數量增 1 的有序序列。

**3.** 泡沫排序（Bubble Sort）

兩個數比較大小，較大的數下沉，較小的數冒起來。這個演算法名字的由來是因為越小的元素會經由互換慢慢「浮」到數列的頂端（升序或降序排列），就如同碳酸飲料中二氧化碳的氣泡最終會上浮到頂端一樣，故名「泡沫排序」。

**4.** 合併排序（Merge Sort）

合併排序是建立在合併操作上的一種有效、穩定的排序演算法，該演算法是採用分治法（Divide and Conquer）的一個非常典型的應用。將已有序的子序列合併，得到完全有序的序列；即先使每個子序列有序，再使子序列段間有序。若將兩個有序序列合併成一個有序序列，稱為二路合併。

**5.** 快速排序（Quick Sort）

快速排序是對泡沫排序的一種改進：透過一趟排序將要排序的資料分隔成獨立的兩部分，其中一部分的所有資料比另外一部分的所有資料都要小，然後再按此方法對這兩部分資料分別進行快速排序。整個排序過程可以遞迴進行，以此使整個資料變成有序序列。

**6.** 桶排序（Bucket Sort）

桶排序也叫箱排序，將陣列分到有限數量的桶子裡。每個桶子再個別排序（有可能再使用別的排序演算法，或是以遞迴方式繼續使用桶排序進行排序）。桶排序是鴿巢排序的一種歸納結果。

**7.** 基數排序（Radix Sort）

基數排序屬於「分發排序」（Distribution Sort），又稱「桶排序」或箱排序（Bin Sort）。顧名思義，它是透過索引鍵的部分資訊，將要排序的元素分配至某些「桶」中，藉以達到排序的目的。基數排序法是屬於穩定性的排序，其時間複雜度為 $O(n\log(r)m)$，其中 $r$ 為所採取的基數，而 $m$ 為堆積數。在某些時候，基數排序法的效率高於其他的穩定性排序法。

## 5.1　簡單的排序演算法：選擇排序、插入排序、泡沫排序

首先，提供互換兩個變數值的 C 語言程式片段：

```
void swap(int *a,int *b)          // 互換兩個變數值
{
    int temp=*a;
    *a=*b;
    *b=temp;
}
```

選擇排序是最簡單的排序演算法之一：第一次從待排序的資料元素中選出最小（或最大）元素，存放在序列的起始位置；然後，再從剩餘的未排序元素中尋找到最小（或最大）元素，放到已排序的序列的末尾；以此類推，直到全部待排序的資料元素的個數為零。

例如，對於「5.1.1 Who's in the Middle」的範例輸入，原始序列為 2，4，1，3，5，選擇排序的過程如下：

**1.** 第一輪，找到最小值，和第 1 個元素交換，得序列：1，4，2，3，5。

**2.** 第二輪，找到次小值，和第 2 個元素交換，得序列：1，2，4，3，5。

**3.** 第三輪，找到第三小的值，和第 3 個元素交換，得序列：1，2，3，4，5。

**4.** 以此類推，最後得到序列：1，2，3，4，5。

選擇排序的 C 語言程式片段如下。

```
void selection_sort(int arr[], int len)
{
    int i,j;
        for (i=0 ; i < len - 1 ; i++)
    {
                int min=i;
                for (j=i + 1; j < len; j++)           // 尋訪未排序的元素
                        if (arr[j] < arr[min])        // 找到目前最小值
                                min=j;                // 記錄最小值的位置
                swap(&arr[min], &arr[i]);             // 進行互換
        }
}
```

泡沫排序，就是重複地對於要排序的元素序列進行尋訪，依次比較兩個相鄰的元素，如果順序錯誤，就互換這兩個元素。這樣的尋訪重複進行直到沒有相鄰元素需要互換，也就是說該元素序列已經排序完成。

例如，對於「5.1.1 Who's in the Middle」的範例輸入，原始序列為 2，4，1，3，5，泡沫排序的過程如下：

1. 第一輪，對於相鄰元素，順序錯誤則互換，得到序列：2，1，3，4，5。

2. 第二輪，得到序列：1，2，3，4，5。

此時，已經沒有相鄰元素需要互換，排序完成。

泡沫排序的 C 語言程式片段如下：

```
void bubble_sort(int arr[], int len) {
        int i, j, temp;
        for (i=0; i < len - 1; i++)              // 外迴圈為排序輪數，len 個
                                                 // 數進行 len-1 輪排序
                for (j=0; j < len - 1 - i; j++)  // 內迴圈為每輪比較次數，
                                                 // 第 i 輪比較 len-i 次
                        if (arr[j] > arr[j + 1]) // 相鄰元素比較，若逆序則互換
                                swap(&arr[j], &arr[j+1]);
}
```

顧名思義，泡沫排序就是小的元素會經由互換，慢慢「浮」到元素序列的前端。

插入排序也稱為直接插入排序，就是將一條紀錄插入到已排好序的有序序列中，從而得到一個新的、紀錄數量增 1 的有序序列。透過建構有序序列，對於未排序資料，在已排序序列中從後向前掃描，找到對應位置並插入。

例如，對於「5.1.1 Who's in the Middle」的範例輸入，原始序列為 2，4，1，3，5，插入排序的過程如下：

1. 第一輪，得序列：2。

2. 第二輪，插入 4，得序列：2，4。

3. 第三輪，插入 1，得序列：1，2，4。

4. 第四輪，插入 3，得序列：1，2，3，4。

5. 第五輪，插入 5，得序列：1，2，3，4，5。

插入排序的 C 語言程式片段如下：

```
void insertion_sort(int arr[],int len){
    for(int i=1;i<len;i++){           // 從下標為 1 的元素開始選擇合適的位置插入
        int key=arr[i];      // 記錄要插入的資料
        int j=i-1;
        while((j>=0) && (key<arr[j])){    // 從已經排序的序列最右邊的
                                          // 開始比較，找到比其小的數
            arr[j+1]=arr[j];
            j--;
        }
        arr[j+1]=key;                     // 存在比其小的數，插入
    }
```

選擇排序、泡沫排序、插入排序的平均時間複雜度為 $O(n^2)$。

## 5.1.1 ▶ Who's in the Middle

FJ 調查他的乳牛群,他要找到最一般的乳牛,看最一般的乳牛產多少牛奶:一半的乳牛產乳量大於或等於這頭乳牛,另一半的乳牛產乳量小於或等於這頭乳牛。

提供乳牛的數量—奇數 $N$(1≤$N$<10000)及其產乳量(1…1000000),找出位於產乳量中點的乳牛,要求一半的乳牛產乳量大於或等於這頭乳牛,另一半的乳牛產乳量小於或等於這頭乳牛。

### 輸入

第 1 行:整數 $N$。

第 2 行到第 $N$+1 行:每行提供一個整數,表示一頭乳牛的產乳量。

### 輸出

一個整數,位於中點的產乳量。

| 範例輸入 | 範例輸出 |
|---|---|
| 5 | 3 |
| 2 | |
| 4 | |
| 1 | |
| 3 | |
| 5 | |

提　　示:對於範例輸入,5 頭乳牛的產乳量為 1…5;因為 1 和 2 低於 3,4 和 5 在 3 之上,所以輸出 3。

**試題來源:** USACO 2004 November

**線上測試:** POJ 2388

❖ **試題解析**

本題十分簡單，只要遞增排序 $N$ 頭乳牛的產乳量，排序後的中間元素即為位於中點的產乳量。

參照選擇排序、泡沫排序、插入排序的 C 語言程式片段，對輸入的產乳量序列進行排序，然後輸出中點的產乳量。

❖ **參考程式**

（略）

## 5.1.2 ▶ Train Swapping

在老舊的火車站，你可能還會遇到「列車交換員」。列車交換員是鐵路工人的一個工作種類，其工作是對列車車廂重新進行安排。

車廂要安排成最佳的順序，列車司機要將車廂一節接一節地在要卸貨的車站留下。

「列車交換員」是一個在靠近鐵路橋的車站執行這一任務的人，他不是將橋垂直吊起，而是將橋圍繞著河中心的橋墩進行旋轉。將橋旋轉 90° 後，船可以從橋墩的左邊或者右邊通過。

一個列車交換員在橋上有兩節車廂的時候也可以旋轉。將橋旋轉 180°，車廂可以轉換位置，使得他可以對車廂進行重新排列（車廂也將轉向，但車廂兩個方向都可以移動，所以這一情況不用考慮）。

現在幾乎所有的列車交換員都已經故去，鐵路公司要將原先列車交換員所進行的操作自動化。要開發程式的部分功能是對一列已知的列車按特定的次序排列，確保兩個相鄰車廂的互換次數能夠最少，請你編寫這樣的程式。

**輸入**

輸入的第一行提供測試案例的數目 $N$。每個測試案例有兩行，第一行提供整數 $L$（$0 \leq L \leq 50$），表示列車車廂的數量，第二行提供一個從 1 到 $L$ 的排列，提供車廂的當前排列次序。要按數字的升序重新排列這些車廂：先是 1，再是 2，……，最後是 L。

### 輸出

對每個測試案例輸出一個句子「Optimal train swapping takes S swaps.」，其中 S 是一個整數。

| 範例輸入 | 範例輸出 |
| --- | --- |
| 3 | Optimal train swapping takes 1 swaps. |
| 3 | Optimal train swapping takes 6 swaps. |
| 1 3 2 | Optimal train swapping takes 1 swaps. |
| 4 | |
| 4 3 2 1 | |
| 2 | |
| 2 1 | |

**試題來源**：ACM North Western European Regional Contest 1994

**線上測試**：UVA 299

### ❖ 試題解析

輸入列車的排列次序 $a[1] \cdots a[m]$ 後，對 $a[\ ]$ 進行遞增排序，在排序過程中資料互換的次數即為問題的解答。由於 $m$ 的上限僅為 50，因此使用泡沫排序亦可滿足時效要求。

### ❖ 參考程式

```
01    #include <iostream>
02    using namespace std;
03    int main() {
04        int n;                        // 測試案例數目
05        cin >> n;
06        while(n--) {
07            int m;                    // 車廂的數量
08            int a[50];
09            scanf("%d", &m);
```

```
10          for(int i=0; i < m; i++) {              // 車廂的當前排列次序
11              scanf("%d", &a[i]);
12          }
13          int x=0;                                // 兩個相鄰車廂的最少的互換次數
14          for(int i=0; i < m - 1; i++)            // 泡沫排序，累計互換次數
15              for(int j=0; j < m - i -1; j++)
16                  if(a[j] > a[j+1]) {
17                      int t=a[j];
18                      a[j]=a[j+1];
19                      a[j+1]=t;
20                      x++;
21                  }
22          printf("Optimal train swapping takes %d swaps.\n", x);   // 輸出結果
23      }
24      return 0;
25  }
```

## 5.1.3 ▶ DNA Sorting

在一個字串中，逆序數是在該字串中與次序相反的字元對的數目。例如，字母序列「DAABEC」的逆序數是 5，因為 D 比它右邊的 4 個字母大，而 E 比它右邊的 1 個字母大。序列「AACEDGG」的逆序數是 1（E 比它右邊的 D 大），幾乎已經排好序了。而序列「ZWQM」的逆序數是 6，完全沒有排好序。

你要對 DNA 字串序列進行分類（序列僅包含 4 個字母：A、C、G 和 T）。然而，分類不是按字母順序，而是按「排序」的次序，從「最多已排序」到「最少已排序」進行排列。所有的字串長度相同。

### 輸入

第一行是兩個正整數：$n$（$0<n\le50$）提供字串的長度，$m$（$0<m\le100$）提供字串的數目。後面是 $m$ 行，每行是長度為 $n$ 的字串。

### 輸出

對輸入字串按從「最多已排序」到「最少已排序」輸出一個列表。若兩個字串排序情況相同，則按原來的次序輸出。

| 範例輸入 | 範例輸出 |
|---|---|
| 10 6 | CCCGGGGGGA |
| AACATGAAGG | AACATGAAGG |
| TTTTGGCCAA | GATCAGATTT |
| TTTGGCCAAA | ATCGATGCAT |
| GATCAGATTT | TTTTGGCCAA |
| CCCGGGGGGA | TTTGGCCAAA |
| ATCGATGCAT | |

**試題來源：** ACM East Central North America 1998

**線上測試：** POJ 1007

## ❖ 試題解析

「最多已排序」的字串指的是字串中逆序對數最少的字串，而字串中逆序對數最多的字串就是所謂的「最少已排序」的字串。所以假設 DNA 序列為字串陣列 $s$，其中第 $i$ 個 DNA 字串為 $s[i]$；逆序對數為 $f[i]$，$1 \leq i \leq m$。

首先，使用泡沫排序，統計每個 DNA 字串的逆序對數 $f[i]$；然後，使用插入排序，按逆序對數遞增排序 $s$；最後，輸出 $s[1] \cdots s[m]$。

## ❖ 參考程式

```
01   #include <iostream>
02   #include <string>
03   using namespace std;
04   int main()
05   {
06       long n,m,i,j,k,temp,f[120];        // temp：插入排序時待插入的整數變數
07       string s[120],temps;               // temps：插入排序時待插入的字串變數
08       cin>>n>>m;
09       for (i=0;i<m;i++)                   // 輸入，並統計逆序對數
10       {
11           cin>>s[i];                      // 輸入字串
12           f[i]=0;
13           for (j=0;j<n-1;j++)             // 泡沫排序，統計字串的逆序對數
14               for (k=j+1;k<n;k++)
15                   if (s[i][k]<s[i][j]) f[i]++;
```

```
16          }
17          for (i=1;i<m;i++)                    // 插入排序
18          {
19              if (f[i]>=f[i-1]) continue;
20              j=i;
21              temp=f[i];
22              temps=s[i];
23              while (temp<f[j-1] && j>=1)       // 插入位置 j
24              {
25                  f[j]=f[j-1];
26                  s[j]=s[j-1];
27                  j--;
28              }
29              f[j]=temp;                       // 插入
30              s[j]=temps;
31          }
32          for (i=0;i<m;i++)                    // 輸出
33              cout<<s[i]<<endl;
34          return 0;
35      }
```

## 5.2　合併排序

合併排序是把待排序的序列分為若干個子序列，每個子序列都是有序的，然後再把有序的子序列合併為整體有序的序列。

所以，合併排序演算法的核心步驟分為兩個部分：分解和合併。首先，把 $n$ 個元素分解為 $n$ 個長度為 1 的有序子串列；然後，進行兩兩合併使元素的關鍵字有序，得到 $n/2$ 個長度為 2 的有序子串列；再重複上述合併步驟，直到所有元素合併成一個長度為 $n$ 的有序串列為止。

合併排序的過程如圖 5.2-1 所示。

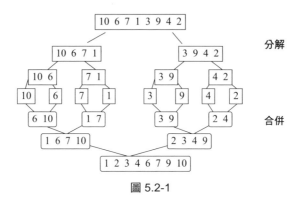

圖 5.2-1

合併排序的 C 語言程式片段如下：

```
void Merge(int r[],int temp[],int s,int m,int t)        // 將陣列 r 的兩個連續的有序
// 序列，即第 s 到第 m 個元素和第 m+1 到第 t 個元素，合併產生一個有序序列：第 s 到第 t 個元素
// 的有序序列
{
    int i=s;
    int j=m+1;                      // i、j：兩個連續的有序序列的開始位置
    int k=i;                        // k：臨時陣列 temp 的下標
    while(i<=m&&j<=t)               // 從兩個有序序列中取出最小的放入臨時陣列
    {
        if(r[i]<=r[j])
            temp[k++]=r[i++];
        else
            temp[k++]=r[j++];
    }
    while(i<=m)                     // 剩餘部分依次放入臨時陣列
                                    //（實際上，兩個 while 只會執行其中一個）
        temp[k++]=r[i++];
    while(j<=t)
        temp[k++]=r[j++];
    for( i=s; i<=t; i++)            // 將臨時陣列中的內容複製回原陣列中
        r[i]=temp[i];
}
void MergeSort(int r[],int temp[],int s,int t) // 分解：把 n 個元素組成的序列 r
                                    // 分解為 n 個長度為 1 的有序子串列
{
    if(s==t)                        // 分解為長度為 1 的有序子串列
        return;
    else
    {
```

```
    int m=(s+t)/2;
    MergeSort(r,temp,s,m);          // 對左邊序列進行遞迴
    MergeSort(r,temp,m+1,t);        // 對右邊序列進行遞迴
    Merge(r,temp,s,m,t);            // 合併
  }
}
```

合併排序的時間複雜度為 $O(n \log_2 n)$。

## 5.2.1 ▶ Brainman

提供一個有 $N$ 個數字的序列，要求移動這些數字，使得最後這一序列是有序的。唯一允許的操作是互換兩個相鄰的數字。例如：

初始序列：2 8 0 3

互換 (2 8)：8 2 0 3

互換 (2 0)：8 0 2 3

互換 (2 3)：8 0 3 2

互換 (8 0)：0 8 3 2

互換 (8 3)：0 3 8 2

互換 (8 2)：0 3 2 8

互換 (3 2)：0 2 3 8

互換 (3 8)：0 2 8 3

互換 (8 3)：0 2 3 8

這樣，序列 (2 8 0 3) 可以透過 9 次相鄰數字的互換來排序。然而，這一序列也可以用三次互換完成排序：

初始序列：2 8 0 3

互換 (8 0)：2 0 8 3

互換 (2 0)：0 2 8 3

互換 (8 3)：0 2 3 8

因此，本題的問題是：對一個已知的序列進行排序，相鄰數字的最小互換次數是多少？請你編寫一個電腦程式來回答這個問題。

### 輸入

輸入的第一行提供測試案例數。

每個測試案例一行，首先提供序列的長度 $N$（$1 \leq N \leq 1000$），然後提供序列的 $N$ 個整數，整數所在的區間為 $[-1000000, 1000000]$。行中的所有數字之間用空格隔開。

### 輸出

對每個測試案例，在第一行輸出「Scenario #$i$:」，其中 $i$ 是從 1 開始的測試案例編號。然後在下一行提供對提供的序列排序所需的相鄰數字的最小互換次數。最後，再用一個空行表示測試案例輸出結束。

| 範例輸入 | 範例輸出 |
|---|---|
| 4 | Scenario #1: |
| 4 2 8 0 3 | 3 |
| 10 0 1 2 3 4 5 6 7 8 9 | |
| 6 −42 23 6 28 −100 65537 | Scenario #2: |
| 5 0 0 0 0 0 | 0 |
| | |
| | Scenario #3: |
| | 5 |
| | |
| | Scenario #4: |
| | 0 |

**試題來源**：TUD Programming Contest 2003，Darmstadt，Germany

**線上測試**：POJ 1804

### ❖ 試題解析

對於序列中的一個數，前面大於它的和後面小於它的數的個數，就是該數的逆序對數。一個序列的逆序對數就是該序列中所有數的逆序對數的總和。

本題要求計算，對一個已知的序列進行排序時，相鄰數字的最小互換次數。也就是要求計算一個序列的逆序對數。

可以用合併排序計算逆序對數，在合併排序中的交換次數就是這個序列的逆序對數：合併排序是將序列 $a[l, r]$ 分成兩個序列 $a[l, mid]$ 和 $a[mid+1, r]$，分別對其進行合併排序，然後再將這兩個有序序列進行合併排序。在合併排序的過程中，假設 $l \le i \le mid$，$mid+1 \le j \le r$，當 $a[i] \le a[j]$ 時，並不產生逆序對數；而當 $a[i] > a[j]$ 時，則在有序序列 $a[l, mid]$ 中，在 $a[i]$ 後面的數都比 $a[j]$ 大，將 $a[j]$ 放在 $a[i]$ 前，逆序對數就要加上 $mid-i+1$。因此，可以在合併排序的合併過程中計算逆序對數。

### ❖ 參考程式

```
01    #include <iostream>
02    using namespace std;
03    const int maxn=1000;              // 序列的長度
04    int a[maxn];                      // 序列
05    int temp[maxn];                   // 臨時陣列
06    int t,n;
07    int ans;                          // 序列的逆序對數
08    void merger(int l,int m,int r)    // 合併有序序列 a[l, m] 和 a[m + 1, r]
09    {
10        int i=l;
11        int j=m+1;
12        int k=i;
13        while(i<=m&&j<=r)
14            if(a[i]>a[j])
15            {
16                temp[k++]=a[j++];
17                ans+=m+1-i;           // 累加逆序對數
```

```
18          }
19          else
20              temp[k++]=a[i++];
21      while(i<=m) temp[k++]=a[i++];
22      while(j<=r) temp[k++]=a[j++];
23      for(int i=l;i<=r;i++)
24          a[i]=temp[i];
25  }
26  void merge_sort(int l,int r)      // 分解
27  {
28      if(l<r)
29      {
30          int m=(l+r)>>1;
31          merge_sort(l,m);
32          merge_sort(m+1,r);
33          merger(l,m,r);
34      }
35  }
36  int main()
37  {
38      scanf("%d",&t);              // 測試案例數
39      for(int cc=1;cc<=t;cc++)     // 每次迴圈處理一個測試案例，
40                                   // 迴圈變數是測試案例編號
41      {
42          if(cc!=1) printf("\n");
43          ans=0;                              // 逆序對數初始化
44          scanf("%d",&n);                     // 序列中元素個數
45          for(int i=1;i<=n;i++)               // 輸入序列
46              scanf("%d",&a[i]);
47          merge_sort(1,n);                    // 合併排序，計算逆序對數
48          printf("Scenario #%d:\n%d\n",cc,ans);        // 輸出結果
49      }
50      return 0;
51  }
```

## 5.2.2 ▶ Ultra-QuickSort

在本題中，你要分析一個特定的排序演算法 Ultra-QuickSort。這個演算法是將 $n$ 個不同的整數由小到大進行排序，演算法的操作是在需要的時候將相鄰的兩個數交換。例如，對於輸入序列 9 1 0 5 4，Ultra-QuickSort 產生輸出 0 1 4 5 9。請算出 Ultra-QuickSort 最少需要用到多少次交換操作，才能對輸入的序列由小到大排序。

**輸入**

輸入由若干測試案例組成。每個測試案例的第一行提供一個整數 $n$（$n < 500000$），表示輸入序列的長度。後面的 $n$ 行每行提供一個整數 $a[i]$（$0 \le a[i] \le 999999999$），表示輸入序列中的第 $i$ 個元素。輸入以 $n=0$ 為結束，這一序列不用處理。

**輸出**

對每個測試案例，輸出一個整數，它是對於輸入序列進行排序所做的交換操作的最少次數。

| 範例輸入 | 範例輸出 |
| --- | --- |
| 5 | 6 |
| 9 | 0 |
| 1 | |
| 0 | |
| 5 | |
| 4 | |
| 3 | |
| 1 | |
| 2 | |
| 3 | |
| 0 | |

**試題來源：** Waterloo local 2005.02.05

**線上測試：** POJ 2299，ZOJ 2386，UVA 10810

## ❖ 試題解析

對於本題，如果用雙重迴圈列舉序列中的每個數對 $(A_i，A_j)$，其中 $i<j$，檢驗 $A_i$ 是否大於 $A_j$，然後統計逆序對數。這種演算法雖然簡潔，但時間複雜度為 $O(n^2)$，由於本題的輸入序列的長度 $n<500000$，當 $n$ 很大時，對應的程式求解過程非常慢。

所以，本題和「5.2.1 Brainman」一樣，利用時間複雜度為 $O(n\log_2 n)$ 的合併排序求逆序對數。

## ❖ 參考程式

```
01   #include <iostream>
02   using namespace std;
03   int a[500000], temp[500000];         // 序列和臨時陣列，序列長度為 500000
04   long long ans;                       // 逆序對數
05   void merge(int a[], int low, int mid, int high)// 合併有序序列 a[low, mid]
06                                        // 和 a[mid + 1, high]
07   {
08       int i, j, k;
09       i=low, j=mid+1, k=low;
10       while(i<=mid && j<=high)
11           if(a[i]>a[j]){
12                   temp[k++]=a[j++];
13                   ans +=mid+1-i;                // 累加逆序對數
14           }
15           else
16                   temp[k++]=a[i++];
17       while(i<=mid)
18           temp[k++]=a[i++];
19       while(j<=high)
20           temp[k++]=a[j++];
21       for(i=low;i<=high;i++)
22           a[i]=temp[i];
23   }
24   void merge_sort(int a[], int low, int high)      // 分解
25   {
26       if(low<high)
27       {
28           int mid=(low+high)/2;
29           merge_sort(a, low, mid);
30           merge_sort(a, mid+1, high);
```

```
31              merge(a, low, mid, high);
32         }
33    }
34    int main()
35    {
36         int n, i;
37         while(scanf("%d",&n)!=EOF && n)
38         {
39         ans=0;
40         for(i=1;i<=n;i++)                      // 輸入序列
41              cin>>a[i];
42         merge_sort(a, 1, n);                   // 合併排序，求逆序對數
43         cout<<ans<<endl;                       // 逆序對數
44         }
45    }
```

## 5.3　快速排序

快速排序演算法的步驟如下。從數列中挑出一個元素，稱為「基準」（pivot）；然後重新排序數列，所有比基準值小的元素放置在基準前面，所有比基準值大的元素放置在基準後面，和基準相同的元素則可以放置在任何一邊。在這個分區結束之後，該基準就處於序列中的某一位置。這一操作稱為分區（partition）操作。然後，遞迴地把小於基準值元素的子序列和大於基準值元素的子序列進行排序。快速排序的 C 語言程式片段如下：

```
Par
ition(int A[], int low, int high) {       // 分區操作
    int pivot=A[low];
    while (low < high) {
        while (low < high && A[high] >=pivot) {    // 從右向左找比 pivot 小的值
            --high;
        }
        A[low]=A[high];
        while (low < high && A[low] <=pivot) {      // 從左向右找比 pivot 大的值
            ++low;
        }
        A[high]=A[low];
    }
```

```
    A[low]=pivot;                                    // 基準值分區
    return low;                                      // 傳回 pivot 的位置，作為分界
}
void QuickSort(int A[], int low, int high)           // 快速排序的主函式
{
    if (low < high) {
        int pivot=Paritition (A, low, high);
        QuickSort(A, low, pivot - 1);
        QuickSort(A, pivot + 1, high);
    }
}
```

快速排序的平均時間複雜度為 $O(n\log_2 n)$。最壞的情況是序列已經排好順序，這樣，每次的基準值都是最大或者最小值，那麼所有的元素都被劃分到一個子序列中，最壞情況下快速排序的時間複雜度為 $O(n^2)$。

## 5.3.1 ▶ Who's in the Middle

題意與「5.1.1 Who's in the Middle」相同。

**線上測試：** POJ 2388

❖ **試題解析**

解題思維和「5.1.1 Who's in the Middle」一樣。

參照快速排序的 C 語言程式片段，對輸入的產乳量序列進行快速排序，然後輸出中點的產乳量。

❖ **參考程式**

```
01  #include <iostream>
02  using namespace std;
03  const int N=100005;
04  int num[N];
05  int partition(int low,int high)          // 分區操作
06  {
07      int i=low,j=high,pivot=num[low];     // pivot：基準值
08      while(i<j){
09          while(i<j&&num[j]>=pivot) --j;
```

```
10              int t=num[i];num[i]=num[j];num[j]=t;
11              while(i<j&&num[i]<=pivot) ++i;
12              t=num[i];num[i]=num[j];num[j]=t;
13          }
14      return i;                          // 基準值的位置
15  }
16  void quick_sort(int low,int high)      // 快速排序主函式
17  {
18          if(low<high){
19              int x=partition(low,high);
20              quick_sort(low,x-1);
21              quick_sort(x+1,high);
22          }
23  }
24  int main()
25  {
26      int n;
27      while(~scanf("%d",&n)){
28          for(int i=0;i<n;++i)
29              scanf("%d",&num[i]);        // 輸入產乳量序列
30          quick_sort(0,n-1);              // 對輸入的產乳量序列進行快速排序
31          printf("%d\n",num[n/2]);        // 輸出中點的產乳量
32      }
33      return 0;
34  }
```

## 5.3.2 ▶ sort

給你 $n$ 個整數，請從大到小的順序輸出其中前 $m$ 大的數。

### 輸入

每個測試案例有兩行，第一行有兩個數 $n$、$m$（$0<n, m<1000000$），第二行包含 $n$ 個各不相同且都處於區間 $[-500000, 500000]$ 的整數。

### 輸出

對每個測試案例按從大到小的順序輸出前 $m$ 大的數。

| 範例輸入 | 範例輸出 |
|---|---|
| 5 3 <br> 3 −35 92 213 −644 | 213 92 3 |

**試題來源：**ACM 暑期集訓隊練習賽（三）

**線上測試：**HDOJ 1425

## ❖ 試題解析

對 $n$ 個數進行排序，然後輸出前 $m$ 個大的數。因為資料規模很大，採用時間複雜度為 $O(n^2)$ 的排序演算法有可能會超時，所以本題採用快速排序來對 $n$ 個數進行排序。

## ❖ 參考程式

```
01   #include <iostream>
02   using namespace std;
03   int a[1000000];
04   void quicksort(int a[],int s,int t)
05   {
06       int i=s,j=t;
07       int tmp=a[s];
08       if(s<t){                            // 區間內元素剩 0 個或者 1 個的時候停止
09           while(i<j){
10               while(i<j && a[j]>=tmp)
11                   j--;
12               a[i]=a[j];
13               while(i<j && a[i]<=tmp)
14                   i++;
15               a[j]=a[i];
16           }
17           a[i]=tmp;
18           quicksort(a,s,i-1);            // 對左區間遞迴排序
19           quicksort(a,i+1,t);            // 對右區間遞迴排序
20       }
21   }
22   int main()
23   {
24       int i;
```

```
25      int n,m;
26      while(cin>>n>>m){                       // 輸入測試案例
27          for(i=1;i<=n;i++)
28              scanf("%d",&a[i]);
29          quicksort(a,1,n);                   // 對 n 個數進行快速排序
30          for(i=n;i>=n-m+1;i--){              // 輸出前 m 個大的數
31           printf("%d",a[i]);
32              if(i!=n-m+1)
33                  printf(" ");
34              else
35                  printf("\n");
36          }
37      }
38      return 0;
39  }
```

## 5.4　利用排序函式進行排序

本節提供使用在 C++ STL 中 algorithm 裡的 sort 函式進行排序的實作。使用在 C++STL 中 algorithm 裡的 sort 函式，可以對特定區間所有元素進行排序，預設為升序，也可進行降序排序。sort 函式進行排序的時間複雜度為 $O(n\log_2 n)$，sort 函式包含在標頭檔為 algorithm 的 C++ 標準庫中，其語法為 sort(start, end, cmp)，其中 start 表示要排序陣列的起始位址；end 表示陣列結束位址的下一位；cmp 用於規定排序的方法，預設升序。

### 5.4.1 ▶ Who's in the Middle

題意與「5.1.1 Who's in the Middle」相同。

**線上測試**：POJ 2388

❖ **試題解析**

本題可以使用 C++ STL 中 algorithm 裡的 sort 函式，遞增排序 N 頭乳牛的產乳量，然後輸出中點的產乳量。

在參考程式中，sort 函式沒有第三個參數，實作的是從小到大（升序）
排列。

### ❖ 參考程式

```
01    #include <iostream>
02    #include <algorithm>
03    using namespace std;
04    int main()
05    {
06        int n;
07        int cow[10001];                // 產乳量序列
08        while(scanf("%d",&n)!=EOF)
09        {
10            for(int i=0;i<n;i++)
11                cin>>cow[i];            // 產乳量序列
12            sort(cow,cow+n);            // sort 函式遞增排序
13            int mid=(1+n)/2;
14            cout<<cow[mid-1]<<endl;     // 輸出中點的產乳量
15        }
16    }
```

## 5.4.2 ▶ sort

題意與「5.3.2 sort」相同。提供 sort 函式完成從大到小的排序的實作：需要
加入一個比較函式 compare()，函式 compare() 的實作如下：

```
bool compare(int a, int b)
{
    return a>b;
}
```

**線上測試**：HDOJ 1425

### ❖ 試題解析

對 $n$ 個數從大到小進行降序排序，然後輸出前 $m$ 個大的數。

利用 sort 函式實作從大到小的排序，加入一個比較函式 compare()。

### ❖ 參考程式

```
01  #include<iostream>
02  #include<algorithm>
03  using namespace std;
04  int Num[1000000];
05  int cmp(int a,int b)                    // 比較函式 compare()
06  {
07      return a > b;
08  }
09  int main()
10  {
11      int N, M;
12      while(~scanf("%d%d",&N,&M))
13      {
14          for(int i=0; i < N; ++i)        // 輸入測試案例
15              scanf("%d",&Num[i]);
16          sort(Num, Num+N, cmp);          // 對 n 個數從大到小進行降序排序
17          for(int i=0; i < M; ++i)        // 輸出前 m 個大的數
18              if(i !=M-1)
19                  printf("%d ",Num[i]);
20              else
21                  printf("%d\n",Num[i]);
22      }
23      return 0;
24  }
```

## 5.4.3 ▶ Word Amalgamation

在美國的很多報紙上，有一種單字遊戲 Jumble。這一遊戲的目的是解字謎，為了找到答案中的字母，就要整理 4 個單字。請編寫一個整理單字的程式。

### 輸入

輸入包含 4 個部分：字典，包含至少 1 個、至多 100 個的單字，每個單字一行；一行內容為「XXXXXX」，表示字典結束；一個或多個你要整理的「單字」；一行內容為「XXXXXX」，表示資料的結束。所有的單字，無論是字典單字還是要整理的單字，都是小寫英文字母，至少 1 個字母，至多 6 個字母（「XXXXXX」由大寫的 X 組成），字典中單字不排序，但每個單字只出現一次。

**輸出**

對於輸入中每個要整理的單字，輸出在字典裡存在的單字，單字的字母排列可以不同，如果在字典中找到不只一個單字對應時，要把它們按字典的順序進行排序。每個單字占一行。如果沒找到相對應的單字，則輸出「NOT A VALID WORD」，每輸出對應的一組單字或「NOT A VALID WORD」後要輸出「\*\*\*\*\*\*」。

| 範例輸入 | 範例輸出 |
|---|---|
| tarp | score |
| given | \*\*\*\*\*\* |
| score | refund |
| refund | \*\*\*\*\*\* |
| only | part |
| trap | tarp |
| work | trap |
| earn | \*\*\*\*\*\* |
| course | NOT A VALID WORD |
| pepper | \*\*\*\*\*\* |
| part | course |
| XXXXXX | \*\*\*\*\*\* |
| resco | |
| nfudre | |
| aptr | |
| sett | |
| oresuc | |
| XXXXXX | |

**試題來源：** ACM Mid-Central USA 1998

**線上測試：** POJ 1318

❖ **試題解析**

設定字典表示為字元陣列 word。在字典被輸入後，字典 word 就被建立了。然後，對於每個在 word 中的單字 word[i]，透過選擇排序，完成 word 的字典順序排列。

接下來，依次輸入待處理的單字，每輸入一個單字，存入字串 str，透過 sort 函式對其按字元升序進行排序，然後和 word 中的單字 word[i] 逐一比較；word[i] 也透過 sort 函式按字元升序進行排序，如果兩者相同，則輸出 word[i]。比較結束時，若沒有相同的情況，則輸出「NOT A VALID WORD」。

在參考程式中，字串比較函式 strcmp 按字典順序比較兩個字串，並傳回結果：如果兩個字串相同，則傳回零。字串複製函式 strcpy 則是將來源字串變數的內容複製到目的字串變數中。

❖ 參考程式

```
01  #include<iostream>
02  #include<algorithm>
03  using namespace std;
04  int main()
05  {
06      char words[101][10], str[10], str1[10];
07      int i, j, length1, length2, s=0;
08      while(1){                               // 輸入字典
09          scanf("%s", words[s]);
10          if(strcmp(words[s++], "XXXXXX")==0) break;
11      }
12      for(i=0; i < s - 2; i++)                // 按字典順序對字典選擇排序
13          for(j=i + 1; j < s - 1; j++)
14              if(strcmp(words[i], words[j]) > 0){
15                  strcpy(str, words[i]);
16                  strcpy(words[i], words[j]);
17                  strcpy(words[j], str);
18              }
19      while(scanf("%s", str) !=EOF && strcmp(str, "XXXXXX") !=0){
20          // 輸入待處理的單字
21          int flag=1;
22          length1=strlen(str);
23          sort(str, str + length1);           // 待處理的單字按字元升序排序
24          for(i=0; i < s - 1; i++){
25              length2=strlen(words[i]);
26              strcpy(str1, words[i]);
27              sort(str1, str1 + length2);     // 字典單字按字元升序排序
28              if(strcmp(str1, str)==0){       // 輸出在字典裡存在的單字，
29                                              // 設定標誌 flag=0
30                  printf("%s\n", words[i]);
```

```
31                    flag=0;
32                }
33            }
34        if(flag)                          // 字典裡不存在對應的單字
35            printf("NOT A VALID WORD\n");
36        printf("******\n");
37    }
38    return 0;
39 }
```

## 5.4.4 ▶ Flooded !

為了讓購房者能夠估計需要多少的水災保險，一家房地產公司提供了在顧客可能購買房屋的地段上每個 10m×10m 區域的高度。由於高處的水會向低處流，雨水、雪水或可能出現的洪水將會首先積在最低高度的區域中。為了簡單起見，我們假定在較高區域中的積水（即使完全被更高的區域所包圍）能完全排放到較低的區域中，並且水不會被地面吸收。

從天氣資料我們可以知道一個地段的積水量。作為購屋者，我們希望能夠得知積水的高度和該地段完全被淹沒的區域的百分比（指該地段高度嚴格低於積水高度的區域的百分比）。請編寫一個程式以提供這些資料。

### 輸入

輸入的資料包含了一系列的地段的描述。每個地段的描述以一對整數 $m$、$n$ 開始，$m$、$n$ 不大於 30，分別代表橫向和縱向上按照 10m 劃分的區域數量。緊接著 $m$ 行每行包含 $n$ 個資料，代表對應區域的高度。高度用公尺來表示，正負號分別表示高於或低於海平面。每個地段描述的最後一行提供該地段積水量的立方數。最後一個地段描述後以兩個 0 代表輸入資料結束。

### 輸出

對每個地段，輸出地段的編號、積水的高度、積水區域的百分比，每項內容為單獨一行。積水高度和積水區域百分比均保留兩位小數。每個地段的輸出之後列印一個空行。

| 範例輸入 | 範例輸出 |
|---|---|
| 3 3<br>25 37 45<br>51 12 34<br>94 83 27<br>10000<br>0 0 | Region 1<br>Water level is 46.67 meters.<br>66.67 percent of the region is under water. |

**試題來源：** ACM World Finals 1999

**線上測試：** POJ 1877

❖ **試題解析**

按照題意，每個區域的面積為 10m×10m＝100m$^2$。我們將 $n \times m$ 個區域的高度存入 $a[]$ 中，並按照遞增順序排序 $a$。

在 $a[i+1]$ 與 $a[i]$ 之間，高度差為 $a[i+1]-a[i]$，前 $i$ 塊的面積為 $i \times 100$，即增加積水 $100 \times (a[i+1]-a[i]) \times i$。假設積水高度在 $a[k]$ 與 $a[k+1]$ 之間，即

$$\sum_{i=1}^{k} 100 \times (a[i+1]-a[i]) \times i \le w < \sum_{i=1}^{k+1} 100 \times (a[i+1]-a[i]) \times i$$

在高度 $a[k]$ 以上的積水量為 $w_k = w - \sum_{i=1}^{k} 100 \times (a[i+1]-a[i]) \times i$。由此得出積水高度為 $a[k] + \dfrac{w_k}{100 \times k}$，積水區域的百分比為 $100 \times \dfrac{k}{n \times m}\%$（$1 \le k < n \times m$）。

❖ **參考程式**

```
01    #include <iostream>
02    #include <algorithm>
03    using namespace std;
04    const int MAXN=900;
05    int main()
06    {
07        int i, c, m, n, cases=0;
08        double v, a[MAXN];
09        while(scanf("%d %d", &m, &n) && (m + n)) {
10            for(i=0; i < m * n; i ++) scanf("%lf", &a[i]);
```

```
11              scanf("%lf",&v);
12              sort(a, a + m * n);
13              i=0;
14              while(i < m * n - 1) {
15                      if(v < (a[i+1] - a[i]) * 100 * (i + 1)) break;
16                      v -=(a[i + 1] - a[i]) * 100 * (i + 1);
17                      i ++;
18              }
19              double per=100.0 * (i + 1) / (m * n);// i + 1塊小土地被雨水覆蓋
20              double level=v / (100 * (i + 1)) +a[i];
21              printf("Region %d\n", ++ cases);
22              printf("Water level is %.2lf meters.\n", level);
23              printf("%.2lf percent of the region is under water.\n", per);
24      }
25      return(0);
26  }
```

## 5.5　結構體排序

待排序的序列的元素是結構體，包含若干變數；而這些變數分為第一關鍵字、第二關鍵字等；基於此，對待排序的序列進行排序，這就是所謂的結構體排序。

### 5.5.1 ▶ Holiday Hotel

Smith 夫婦要去海邊度假，在出發前他們要選擇一家旅館。他們從網際網路上獲得了一份旅館的列表，要從中選擇一些既便宜又離海灘近的候選旅館。候選旅館 M 要滿足兩個需求：

1. 離海灘比 M 近的旅館要比 M 貴。

2. 比 M 便宜的旅館離海灘要比 M 遠。

**輸入**

有若干組測試案例，每組測試案例的第一行提供一個整數 $N$（$1 \leq N \leq 10000$），表示旅館的數目，後面的 $N$ 行每行提供兩個整數 $D$ 和 $C$（$1 \leq D, C \leq 10000$），用於描述一家旅館，$D$ 表示旅館距離海灘的距離，$C$ 表示旅館住宿的費用。本題設定沒有兩家旅館有相同的 $D$ 和 $C$。用 $N=0$ 表示輸入結束，對這一測試案例不用進行處理。

**輸出**

對於每個測試案例，輸出一行，提供一個整數，表示所有的候選旅館的數目。

| 範例輸入 | 範例輸出 |
|---|---|
| 5 | 2 |
| 300 100 | |
| 100 300 | |
| 400 200 | |
| 200 400 | |
| 100 500 | |
| 0 | |

**試題來源：** ACM Beijing 2005

**線上測試：** POJ 2726

❖ **試題解析**

指定旅館序列為 $h$，旅館用結構體表示，其中第 $i$ 家旅館離海灘的距離為 $h[i]$.dist，住宿費用為 $h[i]$.cost。根據候選旅館的需求，以離海灘距離為第一關鍵字、住宿費用為第二關鍵字，對結構體陣列 $h$ 進行排序。然後，在此基礎上計算候選旅館的數目 ans。

對於已經排序的結構體陣列 h，根據題意，如果旅館 a 的 dist 比旅館 b 小，那麼 b 的 cost 一定要比 a 的 cost 小，這樣 b 才能作為候選旅館，依次掃描每家旅館：若目前旅館 i 雖然離海灘的距離較遠但費用低，則旅館 i 進入候選序列，ans++。最後輸出候選旅館的數目 ans。

### ❖ 參考程式

```
01   #include <iostream>
02   #include <algorithm>
03   using namespace std;
04   const int maxn=10000;
05   struct hotel{
06       int dist;
07       int cost;
08   }h[maxn];                              // 旅館序列，元素為結構體，
09                                          // 成員是距離 dist 和費用 cost
10   bool com(const hotel& a, const hotel& b){ // 以距離 dist 為第一關鍵字、
11                                          // 以費用 cost 為第二關鍵字進行排序
12       if(a.dist==b.dist)
13           return a.cost < b.cost;
14       return a.dist < b.dist;
15   }
16   int main(){
17       int n;                             // 旅館的數目
18       while(scanf("%d",&n)!=EOF,n){
19           int i;
20           for(i=0 ; i < n ; ++i)         // 旅館距離海灘的距離和住宿的費用
21               scanf("%d%d",&h[i].dist,&h[i].cost);
22           sort(h,h+n,com);               // 結構體排序
23           int min=INT_MAX;
24           int ans=0;
25           for(i=0 ; i < n ; ++i)         // 如果 a 的 dist 比 b 小，那麼
26                                          // b 的 cost 一定要比 a 的 cost 小，
27                                          // 這樣 b 才能作為候選旅館
28               if(h[i].cost < min){
29                   ans++;
30                   min=h[i].cost;
31               }
32           printf("%d\n",ans);
33       }
34       return 0;
35   }
```

## 5.5.2 ▶ 排名

上機考試雖然有即時的排行榜，但上面的排名只是根據完成的題數排序，沒有考慮每題的分值，所以並不是最後的排名。已知錄取分數線，請你寫程式找出最後通過分數線的考生，並將他們的成績按降序列印。

### 輸入

測試輸入包含若干場考試的資訊。每場考試資訊的第 1 行提供考生人數 $N$（$0<N<1000$）、考題數 $M$（$0<M\leq10$）、分數線 $G$（正整數）；第 2 行排序提供第 1 題至第 $M$ 題的正整數分值；以下 $N$ 行，每行提供一名考生的准考證號（長度不超過 20 的字串）、該考生解決的題目總數 $m$ 以及這 $m$ 道題的題號（題號由 1 到 $M$）。

當讀入的考生人數為 0 時，輸入結束，該場考試不予處理。

### 輸出

對每場考試，首先在第 1 行輸出不低於分數線的考生人數 $n$，隨後 $n$ 行按分數從高到低輸出上線考生的考號與分數，其間用一個空格分隔。若有多名考生分數相同，則按他們考號的升序輸出。

| 範例輸入 | 範例輸出 |
| --- | --- |
| 4 5 25 | 3 |
| 10 10 12 13 15 | CS003 60 |
| CS004 3 5 1 3 | CS001 37 |
| CS003 5 2 4 1 3 5 | CS004 37 |
| CS002 2 1 2 | 0 |
| CS001 3 2 3 5 | 1 |
| 1 2 40 | CS000000000000000002 20 |
| 10 30 | |
| CS001 1 2 | |
| 2 3 20 | |
| 10 10 10 | |
| CS000000000000000001 0 | |
| CS000000000000000002 2 1 2 | |
| 0 | |

**提　　示：**相當大量的資料輸入，推薦使用 scanf。

**試題來源：**浙大電腦研究生複試上機考試（2005 年）

**線上測試：**HDOJ 1236

### ❖ 試題解析

指定考生序列為 stu，考生用結構體表示，其中字元陣列 name 表示考號，num 表示解決的題目總數，sum 表示分數。

首先，在輸入每個考生資訊的時候，根據解題的題號，統計考生的分數。然後對結構體排序，分數和考號分別為第一和二關鍵字。最後，按照題目要求輸出不低於分數線的考生人數，以及分數線上的考生資訊。

### ❖ 參考程式

```
01  #include <iostream>
02  #include <algorithm>
03  using namespace std;
04  #define N 1005
05  int que[15];                            // 考題的正整數分值
06  struct node
07  {
08      char name[25];                      // 考號
09      int num;                            // 解決的題目總數
10      int sum;                            // 分數
11  } stu[N];                               // 考生結構體陣列
12  bool cmp(const node &a,const node &b)   // 結構體比較函式,
13                                          // 分數、考號分別為第一、二關鍵字
14  {
15      if(a.sum==b.sum)
16          return strcmp(a.name,b.name) < 0 ? 1 : 0;
17      else
18          return a.sum > b.sum;
19  }
20  int main()
21  {
22      int stu_num,text_num,line,a,cnt;    // 考生人數 stu_num,
23                                          // 考題數 text_num,分數線 line,
24                                          // 輸出不低於分數線的考生人數 cnt
```

```
25      while(scanf("%d",&stu_num)!=EOF && stu_num)
26      {
27          cnt=0;
28          int i;
29          scanf("%d%d",&text_num,&line);
30          for(i=1; i<=text_num; i++)          // 考題的正整數分值
31              scanf("%d",&que[i]);
32          for(i=1; i<=stu_num; i++)           // 輸入每個考生資訊，統計分數
33          {
34              stu[i].sum=0;
35              scanf("%s%d",stu[i].name,&stu[i].num);  // 考號，解決的題目總數
36              while(stu[i].num--)                      // 根據題號統計分數
37                  scanf("%d",&a);
38                  stu[i].sum+=que[a];
39              }
40              if(stu[i].sum>=line)            // 通過分數線
41                  cnt++;
42          }
43          sort(stu+1,stu+1+stu_num,cmp);      // 結構體排序
44          cout << cnt << endl;                // 輸出不低於分數線的考生人數
45          for(i=1; i<=stu_num; i++)           // 按分數從高到低輸出上線考生的
46                                              // 考號與分數，若分數相同，
47                                              // 則按他們考號的升序輸出
48          {
49              if(stu[i].sum >=line)
50                  printf("%s %d\n",stu[i].name,stu[i].sum);
51              else
52                  break;
53          }
54      }
55      return 0;
56  }
```

## 5.5.3 ► Election Time

在推翻了暴虐的農夫 John 的統治之後，乳牛們要進行它們的第一次選舉，Bessie 是 N（1≤N≤50000）頭競選總統的乳牛之一。在選舉正式開始之前，Bessie 想知道誰最有可能贏得選舉。

選舉分兩輪進行。在第一輪中，得票最多的 K（1≤K≤N）頭乳牛進入第二輪。在第二輪選舉中，得票最多的乳牛當選總統。

本題提供在第一輪中預期乳牛 $i$ 獲得 $A_i$（$1 \leq A_i \leq 1000000000$）票，在第二輪獲得 $B_i$（$1 \leq B_i \leq 1000000000$）票（如果它成功的話），請你確定哪一頭乳牛有望贏得選舉。幸運的是，在 $A_i$ 串列中沒有一張選票會出現兩次，同樣地，在 $B_i$ 串列中也沒有一張選票會出現兩次。

### 輸入

第 1 行：兩個空格分隔的整數 $N$ 和 $K$。

第 2～$N+1$ 行：第 $i+1$ 行包含兩個空格分隔的整數，即 $A_i$ 和 $B_i$。

### 輸出

第 1 行：預期贏得選舉的乳牛的編號。

| 範例輸入 | 範例輸出 |
|---|---|
| 5 3 | 5 |
| 3 10 | |
| 9 2 | |
| 5 6 | |
| 8 4 | |
| 6 5 | |

**試題來源：** USACO 2008 January Bronze

**線上測試：** POJ 3664

❖ **試題解析**

用一個結構體陣列表示 $n$ 頭競選總統的乳牛，在結構體中，提供一頭乳牛的第一輪預期得票、第二輪預期得票，以及這頭乳牛的編號。

求解本題要進行兩次排序。第一次，對 $n$ 頭乳牛第一輪預期得票進行排序；第二次，對在第一次排序的前 $k$ 頭乳牛的第二輪預期得票進行排序。最後，輸出第二輪中票數最多的乳牛的編號。

❖ **參考程式**

```cpp
01  #include <iostream>
02  #include <algorithm>
03  using namespace std;
04  const int MAX=50010;
05  int n, k;
06  struct node
07  {
08      int a;                              // 第一輪預期得票
09      int b;                              // 第二輪預期得票
10      int num;                            // 乳牛的編號
11  }cow[MAX];                              // 結構體陣列表示 n 頭乳牛
12  int cmpa(node p, node q)                // 先按 a 從大到小排序，
13                                          // 若 a 相等則按照 b 從大到小排序
14  {
15      if (p.a==q.a) return p.b > q.b;
16      return p.a > q.a;
17  }
18  int cmpb(node p, node q)                // 先按 b 從大到小排序，
19                                          // 若 b 相等則按照 a 從大到小排序
20  {
21      if (p.b==q.b) return p.a > q.a;
22      return p.b > q.b;
23  }
24  int main()
25  {
26      int i;
27      while (scanf("%d%d", &n, &k) !=EOF)
28      {
29          for (i=0; i < n; ++i)
30          {
31              scanf("%d%d", &cow[i].a, &cow[i].b);
32              cow[i].num=i + 1;           // 乳牛的編號
33          }
34          sort(cow, cow + n, cmpa);       // 第一次排序，n 頭乳牛的第一輪得票排序
35          sort(cow, cow + k, cmpb);       // 第二次排序，第一次排序的前 k 頭乳牛的
36                                          // 第二輪得票排序
37          printf("%d\n", cow[0].num);     // 輸出贏得選舉的乳牛的編號
38      }
39      return 0;
40  }
```

# Chapter 06
# C++ STL

STL（Standard Template Library），也稱為標準模板程式庫，包含大量的模板類別和模板函式，是 C++ 提供的一個由一些容器、演算法和其他元件組成的集合，用於完成諸如輸入 / 輸出、數學計算等功能。

目前，STL 被內建到支援 C++ 的編譯器中。在 C++ 標準中，STL 是由 13 個標頭檔組成：<iterator>、<functional>、<vector>、<deque>、<list>、<queue>、<stack>、<set>、<map>、<algorithm>、<numeric>、<memory> 和 <utility>。

STL 由容器、演算法、迭代器、函式物件、配接器、記憶體配置器這 6 部分構成。其中，後面的 4 個部分是為前面 2 個部分服務的；容器是一些封裝了資料結構的模板類別，例如 vector 向量容器、list 串列容器等；STL 提供了非常多（大約 100 個）的資料結構演算法，這些演算法被設計為模板函式，在 std 命名空間中定義，其中大部分演算法都包含在標頭檔 <algorithm> 中，少部分位於標頭檔 <numeric> 中。

## 6.1　STL 容器

STL 有兩類共七種基本容器類型。

1. 序列式容器。此為可序叢集，其中每個元素的位置取決於插入的順序，和元素值無關。STL 提供三個序列式容器：向量（vector）、雙端佇列（deque）和串列（list）。此外，string 和 array 也可以被視為序列式容器。

2. 關聯式容器。此為已序叢集，其中每個元素位置取決於特定的排序準則以及元素值，和插入次序無關。STL 提供了四個關聯式容器：集合（set）、多重集合（multiset）、對應（map）和多重對應（multimap）。

## 6.1.1 ▶ 序列式容器

vector 容器稱為向量容器，是一種序列式容器。vector 容器和陣列非常類似，但比陣列優越，vector 實作的是一個動態陣列，在進行元素的插入和刪除過程中，vector 會動態調整所佔用的記憶體空間。在中間插入和刪除慢，但在末端插入和刪除快。

在建立 vector 容器之前，程式中要包含如下內容：

```
#include <vector>
using namespace std;
```

建立 vector 容器的方式有很多，基本形式為「vector<$T$>」，其中 $T$ 表示儲存元素的型別；例如「vector<double>values;」建立儲存 double 型別元素的一個 vector 容器 values。vector 容器包含很多的成員函式。

### 6.1.1.1  The Blocks Problem

輸入整數 $n$，表示有編號為 $0 \sim n-1$ 的木塊，分別放在依序排列編號為 $0 \sim n-1$ 的位置，如圖 6.1-1 所示。

| 0 | 1 | 2 | 3 | 4 | ⋯ | $n-1$ |

圖 6.1-1　初始的木塊排列

假設 *a* 和 *b* 是木塊編號。現對這些木塊進行操作，操作指令有如下四種：

**1.** move *a* onto *b*：把 *a*、*b* 上的木塊放回各自原來的位置，再把 *a* 放到 *b* 上。

**2.** move *a* over *b* ：把 *a* 上的木塊放回各自的原來的位置，再把 *a* 放到包含 *b* 的木堆上。

**3.** pile *a* onto *b*：把 *b* 上的木塊放回各自的原來的位置，再把 *a* 以及在 *a* 上面 的木塊放到 *b* 上。

**4.** pile *a* over *b*：把 *a* 連同 *a* 上的木塊放到包含了 *b* 的堆上。

當輸入 quit 時，結束操作並輸出 0 ～ *n*−1 位置上的木塊情況。

在操作指令中，如果 *a*=*b*，其中 *a* 和 *b* 在同一木堆，則該操作指令是非法指 令。非法指令要忽略，並且不應影響木塊的放置。

**輸入**

輸入的第一行提供一個整數 *n*，表示木塊的數目。本題設定 0<*n*<25。

然後提供一系列操作指令，每行一個操作指令。你的程式要處理所有命令直 到遇到 quit 指令。

本題假設所有的操作指令都是上面提供的格式，不會有語法錯誤的指令。

**輸出**

輸出木塊的最終狀態。每個原始木塊位置 *i*（0≤*i*<*n*，其中 *n* 是木塊的數目） 之後提供一個冒號。如果在這一位置至少有一個木塊，則冒號後面輸出一個 空格，然後列出該位置的木塊編號，木塊之間的編號用空格隔開。每行結束 時不要在結尾加空格。

每個木塊位置要有一行輸出（也就是說，要有 *n* 行輸出，其中 *n* 是第一行輸 入提供的整數）。

| 範例輸入 | 範例輸出 |
|---|---|
| 10 | 0: 0 |
| move 9 onto 1 | 1: 1 9 2 4 |
| move 8 over 1 | 2: |
| move 7 over 1 | 3: 3 |
| move 6 over 1 | 4: |
| pile 8 over 6 | 5: 5 8 7 6 |
| pile 8 over 5 | 6: |
| move 2 over 1 | 7: |
| move 4 over 9 | 8: |
| quit | 9: |

**試題來源：** Duke Internet Programming Contest 1990

**線上測試：** POJ 1208，UVA 101

## ❖ 試題解析

本題用 vector 容器 vector<int>*v*[24] 來表示木塊，相當於一個二維陣列，列確定，每列的行（木塊數）不確定；並根據操作指令的規則，用 vector 容器的成員函式模擬對這些木塊進行的操作。

首先，設計兩個函式：find_pile_height(int *a*,int &*p*, int &*h*)，傳回木塊 *a* 所在的木堆編號 *p* 以及 *a* 的高度 *h*；clear_above(int *p*, int *h*)，把第 *p* 堆第 *h* 個木塊以上的木塊放置到原來位置。然後，在這兩個函式以及 vector 容器的成員函式 size() 和 push_back() 的基礎上，根據操作指令的規則，每種操作指令都用一個函式實作。最後，在主程式中逐條實作操作指令。

## ❖ 參考程式

```
01  #include<iostream>
02  #include<vector>
03  #include<string>
04  using namespace std;
05  int n;
06  vector<int> v[24];              // 相當於一個二維陣列，列確定，
07                                  // 每列的行（木塊數）不確定
```

```
08   void find_pile_height(int a,int &p,int &h){        // 找到木塊 a 所在的
09                                                        // 木堆編號 p 以及 a 的高度 h
10       for(p=0;p<n; p++)
11           for(h=0;h<v[p].size();h++)        // vector 容器的成員函式 size()，
12                                              // 傳回元素個數
13               if(v[p][h]==a)return;
14   }
15   void clear_above(int p,int h){            // 把第 p 堆第 h 個木塊以上的木塊
16                                             // 放置到原來位置
17       for(int i=h+1;i<v[p].size();i++){
18           int b=v[p][i];
19           v[b].push_back(b);               // vector 容器的成員函式 push_back()，
20                                            // 在序列尾部添加元素
21       }
22       v[p].resize(h+1);                    // vector 容器的成員函式 resize()，
23                                            // 只保留第 0~h 個元素
24   }
25   void moveOnto(int a,int b){              // move a onto b：把 a、b 上的木塊放回
26                                            // 各自原來的位置，再把 a 放到 b 上
27       int pa,ha,pb,hb;
28       find_pile_height(a,pa,ha);          // 找到木塊 a 和 b 所在的木堆編號以及高度 h
29       find_pile_height(b,pb,hb);
30       if(pa!=pb){                         // a 和 b 不在同一堆，則操作
31           clear_above(pa,ha);
32           clear_above(pb,hb);
33           v[pb].push_back(a);             // vector 容器的成員函式 push_back()
34           v[pa].resize(ha);               // vector 容器的成員函式 resize()
35       }
36   }
37   void moveOver(int a,int b){             // move a over b：把 a 上的木塊放回
38                                           // 各自的原來的位置，
39                                           // 再把 a 放到包含了 b 的木堆上
40       int pa,ha,pb,hb;
41       find_pile_height(a,pa,ha);
42       find_pile_height(b,pb,hb);
43       if(pa!=pb){                         // a 和 b 不在同一木堆，則操作
44           clear_above(pa,ha);
45           v[pb].push_back(a);             // vector 容器的成員函式 push_back()
46           v[pa].resize(ha);               // vector 容器的成員函式 resize()
47       }
48   }
49   void pileOnto(int a,int b){             // pile a onto b：把 b 上的木塊放回
50                                           // 各自的原來的位置，
51                                           // 再把 a 以及在 a 上面的木塊放到 b 上
```

```
52        int pa,ha,pb,hb;
53        find_pile_height(a,pa,ha);
54        find_pile_height(b,pb,hb);
55        if(pa!=pb){
56            clear_above(pb,hb);
57            for(int i=ha;i<v[pa].size();i++)
58                v[pb].push_back(v[pa][i]);
59            v[pa].resize(ha);
60        }
61    }
62    void pileOver(int a,int b){        // pile a over b：把 a 連同 a 上的木塊
63                                       // 放到包含了 b 的堆上
64        int pa,ha,pb,hb;
65        find_pile_height(a,pa,ha);
66        find_pile_height(b,pb,hb);
67        if(pa!=pb){
68            for(int i=ha;i<v[pa].size();i++)
69                v[pb].push_back(v[pa][i]);
70            v[pa].resize(ha);
71        }
72    }
73    int main(){
74        cin>>n;                        // n：木塊的數目
75        for(int i=0;i<n;i++)           // 初始化，0~n-1 的木塊放在 0~n-1 的位置
76            v[i].push_back(i);         // push_back(i)：在序列 v[i] 尾部添加木塊 i
77        int a,b;                       // 木塊 a 和 b 的塊號
78        string str1,str2;              // 操作指令中的字串
79        cin>>str1;
80        while(str1!="quit"){           // 每次迴圈處理一道操作指令
81            cin>>a>>str2>>b;
82            if(str1=="move"&&str2=="onto")moveOnto(a,b);
83            if(str1=="move"&&str2=="over")moveOver(a,b);
84            if(str1=="pile"&&str2=="onto")pileOnto(a,b);
85            if(str1=="pile"&&str2=="over")pileOver(a,b);
86            cin>>str1;
87        }
88        for(int i=0;i<n;i++){          // 輸出木塊的最終狀態
89            cout<<i<<":";
90            for(int j=0;j<v[i].size(); j++)
91                cout<<" "<<v[i][j];
92            cout<<endl;
93        }
94        return 0;
95    }
```

容器 deque 和容器 vector 都是序列式容器，都是採用動態陣列來管理元素，能夠快速地隨機存取任意一個元素，並且能夠在容器的尾部快速地插入和刪除元素。不同之處在於，deque 還可以在容器首部快速地插入、刪除元素。因此，容器 deque 也被稱為雙端佇列。

使用 deque 容器之前要加上 <deque> 標頭檔：#include<deuqe>。

## 6.1.1.2　Broken Keyboard (a.k.a. Beiju Text)

你正在用一個壞鍵盤鍵入一長串文字。這個鍵盤的問題是 Home 鍵或 End 鍵時常會在你輸入文字時被自動按下。但你並沒有發現這個問題，因為你只關注文字，甚至沒有打開顯示器。完成鍵入後，你打開顯示器，在螢幕上看到文字。在中文裡，我們稱之為悲劇。請你找到是悲劇的文字。

### 輸入

輸入提供若干測試案例。每個測試案例都是一行，包含至少一個、最多 100000 個字母、底線和兩個特殊字元「[」和「]」；其中「[」表示 Home 鍵，而「]」表示 End 鍵。輸入以 EOF 結束。

### 輸出

對於每個測試案例，輸出在螢幕上的悲劇的文字。

| 範例輸入 | 範例輸出 |
| --- | --- |
| This_is_a_[Beiju]_text | BeijuThis_is_a__text |
| [[]][][]Happy_Birthday_to_Tsinghua_University | Happy_Birthday_to_Tsinghua_University |

**試題來源**：Rujia Liu's Present 3: A Data Structure Contest Celebrating the 100th Anniversary of Tsinghua University
**線上測試**：UVA 11988

### ❖ 試題解析

對於每個輸入的字串，如果出現「[」，則輸入游標就跳到字串的最前面，如果出現「]」，則輸入游標就跳到字串的最後面。輸出實際上顯示在螢幕上的字串。

本題可以用雙端佇列模擬試題描述的規則，用字串變數 s 儲存輸入的字串，deque 容器 deque<string>dq 來產生在螢幕上的悲劇文字。在輸入字串 s 後，對 s 中的字元逐一處理：當前字元如果不是「[」或「]」，則將當前字元加入中間字串 temp 中（temp += s[i]）；當前字元如果是「[」，則將中間字串 temp 的內容插入 deque 容器 dq 的開頭；當前字元如果是「]」，則將中間字串 temp 的內容插入 deque 容器 dq 的結尾。

最後，從 deque 容器 dq 中逐一輸出字元。

本題的參考程式用到了字串操作函式 clear()，刪除全部字元；size()，傳回字元數量；以及 c_str()，將內容以 C_string 傳回。

### ❖ 參考程式

```
01   #include<iostream>
02   #include<deque>
03   using namespace std;
04   string s, temp;
05   deque <string> dq;                    // 建立一個空的 deque 容器 dq
06   int main()
07   {
08       while(cin>>s)                     // 每個測試案例一行字串 s
09       {
10           char op=0;
11           temp.clear();                 // 字串 temp 清空
12           for(int i=0; i<s.size(); i++) // 對 s 中的字元逐一處理
13           {
14               if(s[i]=='['||s[i]==']')  // deque 容器 dq 實作規則
15               {
16                   if(op=='[')
17                       dq.push_front(temp);  // deque 容器的成員函式
18                                         // push_front()，
19                                         // 將中間字串 temp 的內容
20                                         // 插入到 deque 容器 dq 的開頭
```

```
21                  else
22                      dq.push_back(temp);         // deque 容器的成員函式
23                                                  // push_ back()，將
24                                                  // 中間字串 temp 的內容
25                                                  // 插入到 deque 容器 dq 的結尾
26                  temp.clear();
27                  op=s[i];
28              }
29              else
30                  temp+=s[i];
31              if(i==s.size()-1)                   // 處理中間字串 temp 的
32                                                  // 最後一段字串
33              {
34                  if(op=='[')
35                      dq.push_front(temp);        // deque 容器的
36                                                  // 成員函式 push_front()
37                  else
38                      dq.push_back(temp);         // deque 容器的
39                                                  // 成員函式 push_ back()
40                  temp.clear();
41              }
42          }
43          while(!dq.empty())                      // 從 deque 容器 dq 中逐一輸出字元
44          {
45              printf("%s",dq.front().c_str());    // deque 容器的
46                                                  // 成員函式 front()，容器的
47                                                  // 第一個元素的引用；
48                                                  // c_str()：將內容以
49                                                  // C_string 傳回
50              dq.pop_front();                     // deque 容器的
51                                                  // 成員函式 pop_front()，
52                                                  // 刪除開頭資料
53          }
54          puts("");
55      }
56      return 0;
57  }
```

## 6.1.2 ▶ 關聯式容器

map 是 STL 的一種關聯式容器，一個 map 是一個鍵值對（key, value）的序列，key 和 value 可以是任意的型別。在一個 map 中 key 值是唯一的。map 提供一對一的資料處理能力，在程式設計需要處理一對一資料的時候，可以採用 map 進行處理。

使用 map 容器，首先，程式要有包含 map 所在的標頭檔：「#include<map>」。map 物件是模板類別，定義 map 需要 key 和 value 兩個模板參數，例如，「std:map<int, string>personnel;」就定義了一個用 int 作為 key（索引）、相關聯的指標指向型別為 string 的 value，map 容器名為 personnel。

### 6.1.2.1  Babelfish

你離開 Waterloo 到另外一個大城市。那裡的人們說著一種讓人費解的外語。不過幸運的是，你有一本詞典可以幫助你來瞭解這種外語。

**輸入**

首先輸入一個詞典，詞典中包含不超過 100000 個詞條，每個詞條佔據一行。每一個詞條包括一個英文單字和一個外語單字，兩個單字之間用一個空格隔開。而且在詞典中不會有某個外語單字出現超過兩次。詞典之後是一個空行，然後提供不超過 100000 個外語單字，每個單字一行。輸入中出現的單字只包括小寫字母，而且長度不會超過 10。

**輸出**

在輸出中，請你把輸入的單字翻譯成英文單字，每行輸出一個英文單字。如果某個外語單字不在詞典中，就把這個單字翻譯成「eh」。

| 範例輸入 | 範例輸出 |
|---|---|
| dog ogday | cat |
| cat atcay | eh |
| pig igpay | loops |
| froot ootfray | |
| loops oopslay | |
| | |
| atcay | |
| ittenkay | |
| oopslay | |

**試題來源：**Waterloo local 2001.09.22

**線上測試：**POJ 2503

## ❖ 試題解析

本題需要處理一對一（英文單字、外語單字）資料，所以使用 map 容器 mp，key 和 value 的型別是 string。首先，輸入詞典，以外語單字為 key、英文單字為 value，在 map 中插入詞條（mp[Foreign]=English）；然後，輸入要查詢的外語單字，從 map 容器 mp 中獲取英文單字（mp[Foreign]）。

## ❖ 參考程式

```
01   #include <iostream>
02   #include <map>                      // 引入 map 類別所在的標頭檔
03   #include <string>
04   using namespace std;
05   int main( )
06   {
07       char English[10], Foreign[10]; // English：英文單字，Foreign：外語單字
08       char str[25];                   // 輸入的字串
09       map<string, string>mp;          // 定義 map 容器 mp
10       while (gets(str)&&str[0]!='\0')  // 輸入詞典；迴圈每次處理一個詞條；
11                                        // 空行：詞典結束
12       {
13           sscanf(str, "%s %s", English, Foreign);  // sscanf：以固定字串
14                                                     // 為輸入源
15           mp[Foreign]=English;                      // 在 map 中插入元素，用陣列方式插入值
```

```
16         }
17      while (gets(str)&&str[0]!='\0')      // 迴圈每次處理一個要查詢的外語單字
18      {
19          sscanf(str, "%s", Foreign);
20          if (mp[Foreign]!="\0")           // 獲取 map 中的元素
21              cout<<mp[Foreign]<<endl;
22          else
23              cout<<"eh"<<endl;
24      }
25      return 0;
26  }
```

## 6.1.2.2　Ananagrams

大多數填字遊戲迷都熟悉變形詞（anagrams）——一組有著相同的字母但字母位置不同的單字，例如 OPTS、SPOT、STOP、POTS 和 POST。有些單字沒有這樣的特性，無論你怎樣重新排列其字母，都不可能構造另一個單字。這樣的單字被稱為非變形詞（ananagrams），例如 QUIZ。

當然，這樣的定義會與你工作的領域有關。例如，你可能認為 ATHENE 是一個非變形詞，而一個化學家則會很快提供 ETHANE。一個可能的領域是全部的英語單字，但這會導致一些問題。如果將領域限制在 Music 中，在這一情況下，SCALE 是一個相對的非變形詞（LACES 不在這一領域中），但可以由 NOTE 產生 TONE，所以 NOTE 不是非變形詞。

請你編寫一個程式，輸入某個限制領域的詞典，並確定相對非變形詞。注意單字母單字實際上也是相對非變形詞，因為它們根本不可能被「重新安排」。字典包含不超過 1000 個單字。

### 輸入

輸入由若干行組成，每行不超過 80 個字元，且每行包含單字的個數是任意的。單字由不超過 20 個的大寫和 / 或小寫字母組成，沒有底線。空格出現在單字之間，在同一行中的單字至少用一個空格分開。含有相同的字母而大小寫不一致的單字被認為彼此是變形詞，如 tIeD 和 EdiT 是變形詞。以一行包含單一的「#」作為輸入終止。

**輸出**

輸出由若干行組成，每行提供輸入字典中的一個相對非變形詞的單字。單字輸出按字典順序（區分大小寫）排列。至少有一個相對非變形詞。

| 範例輸入 | 範例輸出 |
|---|---|
| ladder came tape soon leader acme RIDE lone Dreis peat ScAlE orb eye Rides dealer NotE derail LaCeS drIed noel dire Disk mace Rob dries # | Disk<br>NotE<br>derail<br>drIed<br>eye<br>ladder<br>soon |

**試題來源：** New Zealand Contest 1993

**線上測試：** UVA 156

❖ **試題解析**

若當前單字的升序字串與某單字的升序字串相同，則說明該單字是相對變形詞；若當前單字的升序字串不同於所有其他單字的升序字串，則該單字是非相對變形詞。由此提供以下演算法。

首先，透過函式 getkey(string&s)，將輸入字串 s 中的字母改為小寫字母，並按字母升序排列；然後，在 map 容器 dict 中，用陣列方式插入處理後的字串，累計字串的重複次數值，而輸入的原始字串添加到 vector 容器 words 中；接下來，對 vector 容器 words 中的每個字串進行判斷，如果是非相對變形詞，則插入 vector 容器 ans 中；最後，對 vector 容器 ans 中的所有相對非變形詞按字典順序進行排列，然後輸出。

❖ **參考程式**

```
01   #include <iostream>
02   #include <map>
03   #include <vector>
04   #include <algorithm>
```

```
05    using namespace std;
06    map<string, int> dict;
07    vector<string> words;
08    vector<string> ans;
09    string getkey(string& s)              // 輸入字串改為小寫字母，按字母升序排列
10    {
11        string key=s;
12        for(int i=0; i <key.length(); i++)
13            key[i]=tolower(key[i]);   // tolower()：把要處理的字母轉換為小寫字母
14        sort(key.begin(), key.end());   // 字串按升序排列
15        return key;
16    }
17    int main()
18    {
19        string s;
20        int i;
21        while(cin >> s && s[0] !='#') {   // 每次迴圈，處理一個輸入的字串
22            string key=getkey(s);
23            dict[key]++;                    // map 容器 dict 中，累計 key 的重複次數
24            words.push_back(s);             // push_back()：在 vector 容器
25                                            // words 的最後添加輸入字串 s
26        }
27        for(i=0; i<words.size(); i++)      // vector 容器 words 中的每個字串
28            if(dict[getkey(words[i])]==1)    // 非相對變形詞
29                ans.push_back(words[i]);
30        sort(ans.begin(), ans.end());
31        for(i=0; i<ans.size(); i++)          // 輸出非相對變形詞
32            cout << ans[i] << "\n";
33        return 0;
34    }
```

根據上述實作，對關聯式容器 map 的性質總結如下：map 中的元素是鍵值對 (key, value)；在 map 中，key 值有序而且去重（預設升序），通常用於唯一地標示元素，而 value 值中儲存與此 key 關聯的內容，兩者的型別可以不同。

在 6.1.3 節中「6.1.3.4 Anagrams (II)」則是使用 multimap 的實作。

所謂集合（set），就是具有共同性質的一些物件彙整成一個整體。set 容器用於儲存同一資料型別的元素，並且能從中取出資料。在 set 中每個元素的值不僅唯一，而且系統能根據元素的值自動進行排序。

要使用 set 容器，首先，程式要有包含 set 所在的標頭檔：#include<set>。定義 set 集合物件需要指出集合中元素的型別，例如，「set<int>s;」表示元素以 int 作為型別，set 容器名為 s。在「6.1.2.3 Concatenation of Languages」的參考程式中， set 中的元素為字串。

## 6.1.2.3　Concatenation of Languages

一種語言是一個由字串組成的集合。兩種語言的拼接是在第一種語言的字串結尾處拼接第二種語言的字串，而構成的所有字串的集合。

例如，如果提供兩種語言 A 和 B：

A={cat, dog, mouse}；

B={rat, bat}；

則 A 和 B 的連接是：

C={catrat, catbat, dograt, dogbat, mouserat, mousebat}

提供兩種語言，請你計算兩種語言拼接所產生的字串數目。

**輸入**

輸入有多個測試案例。輸入的第一行提供測試案例的數目 $T$（$1 \leq T \leq 25$）。接下來提供 $T$ 個測試案例。每個測試案例的第一行提供兩個整數 $M$ 和 $N$（$M, N<1500$），是每種語言中字串的數量。然後，$M$ 行提供第一種語言的字串；接下來的 $N$ 行提供第二種語言的字串。本題設定字串僅由小寫字母（'a' ～ 'z'）組成，長度小於 10 個字元，並且每個字串在一行中提供，沒有任何前導或尾隨的空格。

輸入語言中的字串可能不會被排序，並且不會有重複的字串。

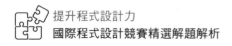
**輸出**

對於每個測試案例，輸出一行。每個測試案例的輸出以測試案例的序號開始，然後提供在第一種語言的字串之後，拼接第二種語言中的字串所產生的字串數。

| 範例輸入 | 範例輸出 |
|---|---|
| 2 | Case 1: 6 |
| 3 2 | Case 2: 1 |
| cat | |
| dog | |
| mouse | |
| rat | |
| bat | |
| 1 1 | |
| abc | |
| cab | |

**試題來源：** UVa Monthly Contest August 2005

**線上測試：** UVA 10887

### ❖ 試題解析

本題採用 set 容器儲存兩種語言拼接之後所產生的字串集合，「set<string> s1;」定義 set 集合物件 s1；其中，方法 insert() 在集合中插入元素，將拼接產生的字串插入集合；方法 size() 傳回集合中元素的數目，以此提供在第一種語言的字串之後，拼接第二種語言中的字串所產生的字串數；而方法 clear() 清空集合中的所有元素。

對於每個測試案例，將第一種語言的字串和第二種語言的字串拼接，產生的字串插入 set 容器 s1 中；然後，透過方法 size() 傳回拼接所產生的字串數。

## ❖ 參考程式

```
01   #include <iostream>
02   #include <cstring>
03   #include <set>
04   using namespace std;
05   char str1[1500][10];                    // 第一種語言的字串
06   char str2[1500][10];                    // 第二種語言的字串
07   int main()
08   {
09       int cas=1;                          // 測試案例序號
10       set<string>s1;                      // 兩種語言的字串拼接後所產生的字串集合
11       int t, i, j;
12       scanf("%d", &t);                    // t：測試案例數
13       while (t--)                         // 迴圈每次處理一個測試案例
14       {
15           int n, m;                       // 兩種語言中字串的數量
16           scanf("%d%d", &n, &m);
17           getchar();                      // 清空歸位符號
18           for (i=0; i < n; i++)           // 輸入第一種語言的字串
19               gets(str1[i]);
20           for (i=0; i < m; i++)           // 輸入第二種語言的字串
21               gets(str2[i]);
22           for (i=0; i < n; i++)
23               for ( j=0; j < m; j++)
24               {
25                   char temp[20];          // 兩個字元串連接所產生的字串
26                   strcpy(temp, str1[i]);  // 字串複製函式 strcpy
27                   strcat(temp, str2[j]);  // 字串拼接函式 strcat
28                   s1.insert(temp);        // 拼接產生的字串插入集合 s1
29               }
30           printf("Case %d: %d\n", cas++, s1.size());   // 集合 s1 中元素個數
31           s1.clear();                     // 清空集合 s1
32       }
33       return 0;
34   }
```

「6.1.2.4 The Spot Game」的參考程式中，set 中的元素是結構體。

## 6.1.2.4　The Spot Game

Spot 遊戲在一個 $N \times N$ 的棋盤上進行，在如圖 6.1-2 所示的 Spot 遊戲中，
$N=4$。在遊戲的過程中，兩個玩家交替，一次走一步：一個玩家一次可以在
一個空方格中放置一枚黑色的棋子（點），也可以從棋盤上取走一枚棋子，
從而產生各式各樣的棋盤圖案。如果一個棋盤圖案（或其旋轉 90° 或 180°）
在遊戲中被重複，則產生該圖案的玩家就失敗，而另一個玩家獲勝。如果在
此之前沒有重複的圖案產生，在 2N 步後，遊戲平局。

圖 6.1-2

如果圖 6.1-2 中第一個圖案是在早些時候產生的，那麼產生後面三個圖案中
的任何一個（還有一個，即第一個圖案旋轉 180°，這裡沒有提供），都會結
束遊戲；而產生最後一個圖案則不會結束遊戲。

**輸入**

輸入提供一系列的遊戲，每局遊戲首先在一行中提供棋盤的大小
$N$（$2 \le N \le 50$）；然後提供玩家的 2N 步，無論它們是否必要。每一步先提供一
個正方形的座標（1 ～ N 範圍內的整數），然後提供一個空格，以及一個分別
表示放置一枚棋子或拿走一枚棋子的字元「 + 」或「 − 」。本題設定玩家的每
一步都是合法的，也就是說，不會在一個已經放置了棋子的方格裡再放置一
枚棋子，也不會從一個不存在棋子的方格裡拿走棋子。輸入將以零（0）為
結束。

**輸出**

對於每局遊戲，輸出一行，表示哪位選手贏了，以及走到哪一步，或者比賽
以平局結束。

| 範例輸入 | 範例輸出 |
|---|---|
| 2 | Player 2 wins on move 3 |
| 1 1 + | Draw |
| 2 2 + | |
| 2 2 − | |
| 1 2 + | |
| 2 | |
| 1 1 + | |
| 2 2 + | |
| 1 2 + | |
| 2 2 − | |
| 0 | |

**試題來源**：New Zealand Contest 1991

**線上測試**：UVA 141

❖ **試題解析**

在參考程式中，以結構體表示棋局。每輸入一個棋局，就將這一個棋局的四種旋轉都儲存在一個集合中。這樣，對於棋局序列中的每個棋局，可以判斷該棋局是否在集合中，如果已經存在，則根據步數判定贏家。走完 2N 步，沒有重複棋局，則為平局。

由於 set 的具體實作採用了紅黑樹的資料結構，所以，set 中的元素就有大小比較。在參考程式中，提供重載函式 bool operator<(const spot&*a*, const spot&*b*)，以比較兩個結構的大小，便於在 set 中插入和搜尋元素。

❖ **參考程式**

```
01    #include<cstring>
02    #include<iostream>
03    #include<set>
04    using namespace std;
05    const int maxn=51;
06    int n;
07    struct spot {
```

```
08          bool arr[maxn][maxn];
09     }p;                                          // 以結構體表示棋局
10     bool operator < (const spot& a, const spot& b){    // 重載函式
11          for(int j=1; j<=n; j++)
12               if(a.arr[i][j] < b.arr[i][j]) return true;
13               else if(a.arr[i][j] > b.arr[i][j]) return false;
14          return false;
15     }
16     void change(spot& w) {                       // 棋局逆時針轉 90°
17          spot a;
18          for(int i=1; i<=n; i++)
19               for(int j=1; j<=n; j++)
20                    a.arr[i][j]=w.arr[j][n+1-i];
21          w=a;
22     }
23     int main() {
24          int a, b;
25          char c;
26          while(scanf("%d", &n) && n) {
27               bool flag=false;                    // 棋局重複的標示
28               set<spot> s;                        // 把棋局（二維陣列）的
29                                                   // 結構體作為集合元素
30               memset(p.arr, false, sizeof(p.arr));
31               int count=0;
32               for(int num=1; num<=2*n; num++) {
33                    scanf("%d%d %c\n", &a, &b, &c);    // 輸入每一步
34                    if(flag) continue;
35                    if(c=='+')                        // 放置棋子
36                         p.arr[a][b]=true;
37                    else                             // 拿走棋子
38                         p.arr[a][b]=false;
39                    if(s.count(p)) {                  // 當前棋局在集合中已經存在
40                         flag=true;
41                         count=num;                   // 走了幾步
42                         continue;
43                    }
44                    spot t(p);
45                    for(int j=0; j<4; j++) {          // 將棋局旋轉的四種情況
46                                                      // 插入到 set 裡面
47                         s.insert(t);
48                         change(t);
49                    }
50               }
```

```
51            if(flag==true)                          // 棋局重複，判定贏家
52                if(count % 2==0) printf("Player 1 wins on move %d\n",
    count);
53                else printf("Player 2 wins on move %d\n", count);
54            else printf("Draw\n");
55        }
56    return 0;
57 }
```

「6.1.2.5 Conformity」既用到了 map 容器，又用到了 set 容器。

## 6.1.2.5　Conformity

在 Waterloo 大學，一年級的新生們開始了學業，他們有著不同的興趣，他們要從現有的課程中選擇不同的課程組合，進行選修。

大學的師長對這種情況感到不安，因此他們要為選修最受歡迎的課程組合之一的一年級新生頒獎。請問會有多少位一年級新生獲獎呢？

### 輸入

輸入由若干個測試案例組成，在測試案例的最後提供包含 0 的一行。每個測試案例首先提供一個整數 $n$（$1 \le n \le 10000$），表示一年級新生的數量。對於每一個一年級新生，後面都會提供一行，包含這位新生選修的五個不同課程的課程編號。每個課程編號是 100 ～ 499 之間的整數。

課程組合的受歡迎程度取決於，選擇完全相同的課程組合的一年級新生的數量。如果沒有其他的課程組合比某個課程組合更受歡迎，那麼這個課程組合被認為是最受歡迎的。

### 輸出

對於每一個測試案例，輸出一行，提供選修最受歡迎的課程組合的學生總數。

| 範例輸入 | 範例輸出 |
|---|---|
| 3 | 2 |
| 100 101 102 103 488 | 3 |
| 100 200 300 101 102 | |
| 103 102 101 488 100 | |
| 3 | |
| 200 202 204 206 208 | |
| 123 234 345 456 321 | |
| 100 200 300 400 444 | |
| 0 | |

**試題來源**：Waterloo Local Contest, 2007.9.23

**線上測試**：POJ 3640，UVA 11286

❖ **試題解析**

有 $n$ 位學生選課，每位學生選修 5 門課，有 5 個不同的課程編號。要求找出選修最受歡迎的課程組合的學生數量；如果有多個課程組合是最受歡迎的，則計算選修這些組合的學生總數。

一個學生選課的 5 個不同的課程編號，用 STL 的 set（集合）容器 suit 來儲存；而 $n$ 位學生選課，則用 STL 的 map 容器 count 來儲存，map 將相同集合（相同的課程組合）儲存在同一位置，在存入一個集合時，該集合出現次數增加 1。同時，記錄出現最多的課程組合的次數 $M$，以及出現次數為 $M$ 的課程組合數 MC。最後輸出 $M \times$ MC。

❖ **參考程式**

```
01   #include <iostream>
02   #include <set>
03   #include <map>
04   using namespace std;
05   int main()
06   {
07       int n;                        // n 位學生選課
08       while (cin >> n , n) {
```

```
09          map<set<int>, int> count;
10          int M=0, MC=0;
11          while ( n-- ) {
12              set<int> suit;
13              for (int i=0; i < 5; ++ i) { // 一個學生選課的 5 個不同的課程編號
14                  int course;
15                  cin >>course;
16                  suit.insert(course);        // 在集合 suit 中插入元素
17              }
18              count[suit]++;                   // 集合出現次數增加 1
19              int h=count[suit];
20              if (h==M) MC++;
21              if (h>M) M=h, MC=1;
22          }
23          cout << M*MC<< endl;
24      }
25      return 0;
26 }
```

## 6.1.3 ▶ 迭代器

要存取循序式容器和關聯式容器中的元素,需要透過迭代器(iterator)進行。迭代器是一個變數,相當於容器和操縱容器的演算法之間的仲介。迭代器可以指向容器中的某個元素,透過迭代器就可以讀寫它所指向的元素。迭代器和指標類似。迭代器按照定義方式分為正向迭代器、常數正向迭代器、反向迭代器和常數反向迭代器四種。正向迭代器的定義方式為:「容器類別名稱 ::iterator 迭代器名稱 ;」。

### 6.1.3.1　Doubles

提供 2 ～ 15 個不同的正整數,計算在這些數裡面有多少對數滿足一個數是另一個數的兩倍。比如:

　　1　4　3　2　9　7　18　22

答案是 3,因為 2 是 1 的兩倍、4 是 2 的兩倍、18 是 9 的兩倍。

### 輸入

輸入包括多個測試案例。每個測試案例一行，提供 2 ～ 15 個兩兩不同且小於 100 的正整數。每一行最後一個數是 0，表示這一行的結束，這個數不屬於那 2 ～ 15 個所提供的正整數。輸入的最後一行僅提供整數 −1，這行表示測試案例的輸入結束，不用進行處理。

### 輸出

對每個測試案例，輸出一行，提供有多少對數滿足其中一個數是另一個數的兩倍。

| 範例輸入 | 範例輸出 |
|---|---|
| 1 4 3 2 9 7 18 22 0 | 3 |
| 2 4 8 10 0 | 2 |
| 7 5 11 13 1 3 0 | 0 |
| −1 | |

**試題來源：** ACM Mid-Central USA 2003

**線上測試：** POJ 1552，ZOJ 1760，UVA 2787

### ❖ 試題解析

本題包含多個測試案例，每個測試案例用整數集合 $s$ 儲存。

迴圈處理每個測試案例，整個輸入的結束標示是 −1。在迴圈主體內做如下工作：

1. 首先，對集合 $s$ 初始化，方法 clear() 清除集合 $s$ 中的所有元素；

2. 然後，透過一重迴圈讀入當前測試案例中的正整數，方法 insert() 在集合 $s$ 中插入輸入的正整數；

3. 最後，透過迭代器 $t$ 列舉集合 $s$ 中的正整數（for($t$=$s$.begin(); $t$!=$s$.end(); $t$++)），其中，方法 begin() 傳回指向第一個元素的迭代器，方法 end() 傳回指向最後一個元素之後的迭代器；並透過方法 count(($*t$)*2) 計算該正整數兩倍的數的個數，如果不為 0，則進行累計。

## ❖ 參考程式

```
01   #include<iostream>
02   #include<set>
03   using namespace std;
04   int main()
05   {
06       set<int> s;                        // 每個測試案例用整數集合 s 儲存
07       set<int>::iterator t;
08       int temp;
09       cin>>temp;
10       while(temp !=-1)                   // 每次迴圈處理一個測試案例
11       {
12           s.clear();                     // 對集合 s 初始化
13           while(temp !=0)                // 輸入當前測試案例
14           {
15               s.insert(temp);            // 每個正整數插入集合 s
16               cin>>temp;
17           }
18           int c=0;                       // 有多少對數滿足其中一個數是另一個數的兩倍
19           for(t=s.begin(); t !=s.end(); t++)   // 列舉所有元素,
20                                          // 判斷是否存在兩倍關係
21           {
22               if(s.count((*t)*2) !=0)
23                   c++;
24           }
25           cout<<c<<endl;                 // 輸出結果
26           cin>>temp;
27       }
28   }
```

## 6.1.3.2　487-3279

企業喜歡用容易記住的電話號碼。讓電話號碼容易被記住的一個辦法是,將它寫成一個易於記憶的單字或者短語。例如,你需要給滑鐵盧大學打電話時,可以撥打 TUT-GLOP。有時,可以只將電話號碼中部分數字拼寫成單字。當你晚上回到旅店,可以透過撥打 310-GINO 來向 Gino's 訂一份比薩。讓電話號碼容易被記住的另一個辦法是,以一種好記的方式對號碼的數字進行分組。透過撥打必勝客的「三個十」號碼 3-10-10-10,你可以從他們那裡訂比薩。

電話號碼的標準格式是七位十進位數字，並在第三、第四位數字之間有一個連接子。電話撥號盤提供了從字母到數字的對應，對應關係如下：

◆ A、B 和 C 對應到 2；

◆ D、E 和 F 對應到 3；

◆ G、H 和 I 對應到 4；

◆ J、K 和 L 對應到 5；

◆ M、N 和 O 對應到 6；

◆ P、R 和 S 對應到 7；

◆ T、U 和 V 對應到 8；

◆ W、X 和 Y 對應到 9。

Q 和 Z 沒有對應到任何數字，連字號不需要撥號，可以任意添加和刪除。TUTGLOP 的標準格式是 888-4567，310-GINO 的標準格式是 310-4466，3-10-10-10 的標準格式是 310-1010。

如果兩個號碼有相同的標準格式，那麼它們即為等同（相同的撥號）。

你的公司正在為本地的公司編寫一個電話號碼簿。作為品質控制的一部分，你要檢查是否有兩個和多個公司擁有相同的電話號碼。

### 輸入

輸入的格式是，第一行是一個正整數，表示電話號碼簿中號碼的數量（最多100000）。餘下的每行是一個電話號碼。每個電話號碼由數字、大寫字母（除Q 和 Z 之外）以及連接子組成。每個電話號碼中剛好有 7 個數字或者字母。

### 輸出

對每個出現重複的號碼產生一行輸出，輸出是號碼的標準格式緊跟一個空格，然後是它的重複次數。如果存在多個重複的號碼，則按照號碼的字典升序輸出。如果輸入資料中沒有重複的號碼，輸出一行：

```
No duplicates.
```

| 範例輸入 | 範例輸出 |
|---|---|
| 12 | 310-1010 2 |
| 4873279 | 487-3279 4 |
| ITS-EASY | 888-4567 3 |
| 888-4567 | |
| 3-10-10-10 | |
| 888-GLOP | |
| TUT-GLOP | |
| 967-11-11 | |
| 310-GINO | |
| F101010 | |
| 888-1200 | |
| -4-8-7-3-2-7-9- | |
| 487-3279 | |

**試題來源**：ACM East Central North America 1999

**線上測試**：POJ 1002，UVA 755

### ❖ 試題解析

由於本題要求最後是按照字典順序升序的要求輸出電話號碼，因此用 map 類別容器 cnt，使得串列元素自動按照電話號碼的字典順序排列，以避免程式設計排序的麻煩。

首先，在輸入電話號碼簿中 $n$ 個號碼的同時，將每個號碼串 $s$ 轉化為標準格式的字串 $t$：按照題意建立字母與數字間的對應表，根據對應表將 $s$ 中的字母轉化為數字，刪除 $s$ 中的「－」，並在 $t$ 的第 3 個字元後插入「－」。對標準格式 $t$ 的電話號碼進行計數（＋＋cnt[$t$]）。

最後，透過迭代器 $p$ 循序搜尋 cnt：若出現次數大於 1 的電話號碼，則輸出電話號碼的標準格式和次數。其中，迭代器 $p$ 的 first 和 second 值用來傳回 $p$ 所指向的資料元素的對應資料項目，$p$->first 是 cnt 的 string 值，而 $p$->second 是 cnt 的 int 值。

❖ **參考程式**

```
01    #include <iostream>
02    #include <map>
03    #include <string>
04    using namespace std;
05    string s, t;
06    map<string, int> cnt;
07    int i, n, f;
08    int main( )
09    {
10        cin>>n;                           // 電話號碼簿中號碼的數量
11        while(n--)                         // 迴圈每次處理一個電話號碼
12        {
13            cin>>s;                        // 電話號碼簿中的電話號碼由數字、
14                                           // 大寫字母以及連接子組成
15            f=0;
16            for(i=0; i<s.size(); i++)            // size() 傳回字串真實長度
17            {
18                if(s[i]=='-') continue;          // 刪除 s 中的「-」
19                else if(s[i]>='0'&&s[i]<='9') t.push_back(s[i]);
20                        // 字串之後插入一個字元
21                else if(s[i]>='A'&&s[i]<='P')    // 根據對應關係將 s 中的字母
22                                           // 轉化為數字
23                {
24                    s[i]-='A';
25                    s[i]/=3;
26                    s[i]+='0'+2;
27                    t.push_back(s[i]);
28                }
29                else
30                {
31                    s[i]-='A'+1;
32                    s[i]/=3;
33                    s[i]+='0'+2;
34                    t.push_back(s[i]);
35                }
36            }
37            t.insert(3,"-");       // 在第 3 個字元後插入「-」
38            ++cnt[t];                       // 對 map 容器 cnt 的標準格式的電話號碼進行計數
39            t.clear();
40        }
41        for(map<string,int>::iterator p=cnt.begin(); p!=cnt.end(); p++)
42                        // 輸出結果
```

```
43      {
44              if(p->second>1)
45              {
46                      cout<<p->first<<" "<<p->second<<endl;
47                      f=1;
48              }
49      }
50      if(!f) cout<<"No duplicates."<<endl;
51 }
```

## 6.1.3.3　Andy's First Dictionary

8 歲的 Andy 有一個夢想─他想出版自己的字典。這對他來說不是一件容易的事，因為他知道的單字的數量還不夠。他沒有自己想出所有的詞，而是想了一個聰明的主意：他從書架上挑一本他最喜歡的故事書，從中抄下所有不同的單字，然後按字典順序排列單字，這樣他就完成了！當然，這是一項非常耗時的工作，而這正是電腦程式的有用之處。

你被要求編寫一個程式，列出在輸入文字中所有不同的單字。在本題中，一個單字被定義為一個連續的大寫和／或小寫字母的序列。只有一個字母的單字也是單字。此外，你的程式要求不區分大小寫，例如，像「Apple」、「apple」或「APPLE」這樣的單字被認為是相同的。

### 輸入
輸入是一個不超過 5000 行的文字。每行最多有 200 個字元。輸入以 EOF 終止。

### 輸出
輸出提供一個在輸入文字中出現的不同單字的列表，每行一個單字。所有的單字都是小寫，按字典順序排列。本題設定在文字中不同的單字不超過 5000 個。

| 範例輸入 | 範例輸出 |
|---|---|
| Adventures in Disneyland<br>Two blondes were going to Disneyland when they came to a<br>fork in the road. The sign read: "Disneyland Left."<br>So they went home. | a<br>adventures<br>blondes<br>came<br>disneyland<br>fork<br>going<br>home<br>in<br>left<br>read<br>road<br>sign<br>so<br>the<br>they<br>to<br>two<br>went<br>were<br>when |

**試題來源**：Programming Contest for Newbies 2005

**線上測試**：UVA 10815

❖ **試題解析**

本題提供每行按空格分隔的文字，要求將文字中出現的所有的單字以小寫形式並以字典順序輸出。

首先，按行輸入字串，並將其拆分成單字；作法是，將其中的大寫字母轉換為小寫字母，並將不是字母的符號替換為「""」（空格）；例如，將「Andy's apple」轉換為「andy s apple」。然後，將每個單字插入 set 中，set 按字典順序對單字進行排列。最後，使用迭代器輸出 set 中的單字即可。

在參考程式中使用函式 isalpha() 判斷是不是英文字母，函式 tolower() 將大寫字母轉換為小寫字母。

標頭檔 <sstream> 定義了三個類別：istringstream、ostringstream 和 stringstream，分別用來進行串流的輸入、輸出和輸入 / 輸出操作。stringstream 預設空格會直接斷詞，所以，在參考程式中，「stringstream ss(s);」從 string 物件 s 中讀取字串，然後透過迴圈（while(ss>>b)）將單字 b 插入字典中。

## ❖ 參考程式

```
01   #include<iostream>
02   #include<set>
03   #include<sstream>
04   using namespace std;
05   set<string>dict;                          // 字典
06   int main()
07   {
08       string s, b;
09       while(cin>>s)
10       {
11          for(int i=0; i<s.length(); i++)
12             if(isalpha(s[i]))              // isalpha() 判斷是不是英文字母
13                s[i]=tolower(s[i]);         // 將大寫轉換為小寫
14             else
15                s[i]=' ';
16          stringstream ss(s);
17          while(ss>>b)                      // stringstream 預設空格會直接斷詞
18             dict.insert(b);                // 將單字 b 插入 set 中
19       }
20       for(set<string>::iterator p=dict.begin(); p!=dict.end(); p++)
21                                            // 迭代器，如同指標
22          cout<<*p<<endl;
23       return 0;
24   }
```

關聯式容器 multimap 和 map 的功能類似，但在 multimap 中，key 可以重複。使用 multimap 之前，也要加入標頭檔 <map>。「6.1.3.4 Anagrams (II)」則是使用 multimap 的實作。

## 6.1.3.4　Anagrams (II)

生活在 ×× 的人們最喜歡的娛樂是玩填字遊戲。幾乎每一份報紙和雜誌都要用一個版面來登載填字遊戲。真正的專業選手每週至少要進行一場填字遊戲。進行填字遊戲也非常枯燥—存在著許多的謎。有不少的比賽，甚至有世界冠軍來爭奪。

請你編寫一個程式，根據提供的字典，對特定的單字尋找變形詞。

**輸入**

輸入的第一行提供一個整數 $M$，然後在一個空行後面跟著 $M$ 個測試案例。測試案例之間用空行分開。每個測試案例的結構如下：

```
<number of words in vocabulary>
<word 1>
...
<word N>
<test word 1>
...
<test word k>
END
```

<number of words in vocabulary> 是一個整數 $N$（$N<1000$），從 <word 1> 到 <word N> 是詞典中的單字。<test word 1> 到 <test word k> 是要發現其變形詞的單字。所有的單字小寫（單字 END 表示資料的結束，不是一個測試單字）。本題設定所有單字不超過 20 個字元。

**輸出**

對每個 < test word > 清單，以下述方式提供變形詞：

```
Anagrams for: <test word>
<No>) <anagram>
...
```

其中，「<No>)」為 3 個字元輸出。

如果沒有找到變形詞，則程式輸出如下：

```
No anagrams for: <test word>
```

在測試案例之間輸出一個空行。

| 範例輸入 | 範例輸出 |
| --- | --- |
| 1 | Anagrams for: tola |
|  | 1) atol |
| 8 | 2) lato |
| atol | 3) tola |
| lato | Anagrams for: kola |
| microphotographics | No anagrams for: kola |
| rata | Anagrams for: aatr |
| rola | 1) rata |
| tara | 2) tara |
| tola | Anagrams for: photomicrographics |
| pies | 1) microphotographics |
| tola |  |
| kola |  |
| aatr |  |
| photomicrographics |  |
| END |  |

**線上測試**：UVA 630

## ❖ 試題解析

首先，輸入詞典中的 *n* 個單字，並對單字的原字串按字典順序排序，並在 multimap 容器 mp 儲存（有序字串，原字串）；然後，依次輸入待查單字。每輸入一個待查單字 str，同樣對該單字的字串按字典順序排序，透過迭代器，產生的有序字串用於比較 multimap 容器 mp 是否存在相同的有序字串，如果有，則逐一輸出原字串。

## ❖ 參考程式

```
01   #include <iostream>
02   #include <map>
03   #include <algorithm>
04   using namespace std;
```

```
05    int main(){
06        int t, n, i;                                // t 為測試案例數，n 為字典中的單字數
07        scanf("%d",&t);
08        while(t--){
09            multimap <string,string> mp;
10            string str;
11            scanf("%d",&n);
12            for(i=0 ; i < n ; ++i){
13                cin >>str;                          // 字典中的單字
14                string temp=str;
15                sort(temp.begin(),temp.end());      // 原字串按字典順序排序
16                mp.insert(make_pair(temp,str));     // multimap 容器 mp 儲存
17                                                    // （有序字串，原字串）
18            }
19            while(cin >> str,str !="END"){          // 輸入和處理要發現其變形詞的單字
20                string tp=str;
21                sort(tp.begin(), tp.end());         // 要發現其變形詞的單字按字典排序
22                cout<<"Anagrams for: "<<str<<endl;
23                int count=1;
24                bool flag=false;                    // 有無變形詞的標示
25                for(map<string,string>::iterator it=mp.begin() ; it !=mp.
26                    end() ; ++it){
27                    if(tp==(*it).first){            // 有變形詞，輸出
28                        flag=true;
29                        printf("%3d) %s\n",count++,(*it).second.c_str());
30                    }
31                }
32                if(flag==false)                     // 無變形詞
33                    cout<<"No anagrams for: "<<str<<endl;
34            }
35            if(t)                                   // 測試案例之間要輸出空行
36                cout<<endl;
37        }
38        return 0;
39    }
```

## 6.2　STL 演算法

演算法是程式設計解決問題的方法。STL 提供了大約 100 個實作演算法的模板函式，主要由標頭檔 <algorithm>、<numeric> 和 <functional> 組成；其中，<algorithm> 是所有 STL 標頭檔中最大的一個，範圍涉及比較、交換、搜尋、尋訪、複製、修改、移除、反轉、排序、合併等；<numeric> 涉及簡單的數值運算；而 <functional> 則定義了一些模板類別，用於宣告函式物件。

第 5 章中的 5.4 節提供了利用排序函式進行排序的實作。本節將在 5.4 節的基礎上繼續展開 STL 演算法實作。

### 6.2.1 ▶ Where is the Marble ?

Raju 和 Meena 喜歡玩彈珠。他們有很多標著數字的彈珠。一開始，Raju 會按照彈珠上面數字的升序，一個接一個地放置彈珠。然後 Meena 會讓 Raju 找到第一個標著某個數字的彈珠。她會數 1…2…3，Raju 找到正確的答案，就得 1 分；如果 Raju 失敗，則 Meena 得到 1 分。這樣經過一定次數後，遊戲結束，得分最高的玩家獲勝。現在假設你是 Raju，作為一個聰明的孩子，你喜歡使用電腦解答問題。但你也別小看 Meena，她寫了一個程式來記錄你花了多少時間來提供所有答案。所以現在你必須寫一個程式，這將有助於你扮演 Raju 的角色。

**輸入**

本題有多個測試案例，測試案例的總數小於 65。每個測試案例由兩個整數組成：N 是彈珠的數目，Q 是 Meena 詢問的次數。接下來的 N 行提供在 N 個彈珠上的數字。這些彈珠上的數字不會以任何特定的順序出現。接下來的 Q 行提供 Q 個查詢。輸入的數字都不會大於 10000，也沒有一個數字是負數。

如果 N=0，Q=0，則測試案例的輸入終止。

**輸出**

對於每個測試案例，首先，輸出範例的序號。

對於每次詢問，輸出一行，該行的格式取決於查詢的數字是否寫在彈珠上。
有如下兩種不同的格式：

◆ 「*x* found at *y*」，如果在第 *y* 個位置發現了第一個編號為 *x* 的彈珠。位置
編號為 1, 2, …, *N*。

◆ 「*x* not found」，如果編號為 *x* 的彈珠不存在。

有關詳細資訊，請查看範例輸入和輸出。

| 範例輸入 | 範例輸出 |
| --- | --- |
| 4 1 | CASE# 1: |
| 2 | 5 found at 4 |
| 3 | CASE# 2: |
| 5 | 2 not found |
| 1 | 3 found at 3 |
| 5 | |
| 5 2 | |
| 1 | |
| 3 | |
| 3 | |
| 3 | |
| 1 | |
| 2 | |
| 3 | |
| 0 0 | |

**試題來源：**World Finals 2003 Warmup

**線上測試：**UVA 10474

### ❖ 試題解析

本題的題目描述中，「Raju 會按照彈珠上面數字的升序」，以及「Meena 會讓
Raju 找到第一個標著某個數字的彈珠」，在參考程式中，分別用 STL 模板函
式 sort() 和 lower_bound() 直接實作，函式 lower_bound() 傳回的是所檢查的
序列中第一個大於等於搜尋值的指標。

## ❖ 參考程式

```
01    #include<iostream>
02    #include<algorithm>
03    const int maxn=10000;
04    using namespace std;
05    int main()
06    {
07        int n, q;                        // n是彈珠數目，q是 Meena 詢問次數
08        int a[maxn];                     // 彈珠上的數字
09        int k=1;
10        while(scanf("%d%d", &n, &q)!=EOF)
11        {
12            if(n==0) break;              // 測試案例的輸入終止
13            for(int i=0; i<n; i++)       // n 個彈珠上的數字
14                scanf("%d", &a[i]);
15            sort(a, a+n);                // 陣列 a 中 n 個彈珠上的數字升序排序
16            printf("CASE# %d:\n", k++);
17            while(q--)                   // 每次迴圈處理一個詢問
18            {
19                int x;
20                scanf("%d", &x);
21                int p=lower_bound(a, a+n, x)-a;    // 傳回陣列 a 中第一個
22                                                   // 大於等於 x 的指標
23                if(a[p]==x) printf("%d found at %d\n", x, p+1);
24                else printf("%d not found\n", x);
25            }
26        }
27        return 0;
28    }
```

## 6.2.2 ▶ Orders

商店經理把各種商品按標籤上的字母順序進行分類。標籤裡同一字母開頭的所有種類的商品都存放在同一倉庫中，也就是在同一建築物內，並貼上該字母的標籤。白天，商店經理接收並處理要從商店發貨的商品訂單。每個訂單只列一種商品。商店經理按照預訂的順序處理這些訂單。

你已知今天商店經理要處理的所有訂單，但你不知道這些訂單的順序。請計算所有可能的倉庫存取方式，以便倉庫經理在一天中一件接一件地處理所有的訂單請求。

## 輸入

輸入一行，提供所有的訂單中列出的商品標籤（隨機排列）。每種商品都用其標籤的第一個字母來表示，只使用小寫字母。訂單的數量不超過 200。

## 輸出

輸出提供商店經理存取倉庫的所有可能的順序。每個倉庫都由英文字母表中的一個小寫字母表示，也就是商品標籤的第一個字母。在輸出中，倉庫的每個存取順序只在單獨的一行中僅輸出一次，所有的存取順序都要按字典順序排序（參見範例輸出）。輸出不會超過 2 百萬位元組。

| 範例輸入 | 範例輸出 |
| --- | --- |
| bbjd | bbdj |
| | bbjd |
| | bdbj |
| | bdjb |
| | bjbd |
| | bjdb |
| | dbbj |
| | dbjb |
| | djbb |
| | jbbd |
| | jbdb |
| | jdbb |

**試題來源：** CEOI 1999

**線上測試：** POJ 1731

## ❖ 試題解析

本題的輸入提供一個字串，要求對這個字串中的字元按字典順序輸出全排列，而且不能有重複的排列。

在參考程式中，用 STL 模板函式 sort() 將輸入的字串按字典順序排列，然後，STL 模板函式 next_permutation() 產生下一個排列，如果下一個排列存在，則傳回真，否則傳回假。

❖ **參考程式**

```
01    #include<iostream>
02    #include<algorithm>
03    using namespace std;
04    int main(){
05        char s[50];
06        int cnt,i;
07        while(scanf("%s",s)!=EOF){
08            i=0;
09            cnt=strlen(s);
10            sort(s,s+cnt);
11                do{
12                    i++;
13                    printf("%s\n",s);
14                }while(next_permutation(s,s+cnt));
15        }
16        return 0;
17    }
```

# 提升程式設計力｜國際程式設計競賽精選解題解析

作　　者：周　娟 / 吳永輝
企劃編輯：蔡彤孟
文字編輯：江雅鈴
設計裝幀：張寶莉
發 行 人：廖文良

發 行 所：碁峰資訊股份有限公司
地　　址：台北市南港區三重路 66 號 7 樓之 6
電　　話：(02)2788-2408
傳　　真：(02)8192-4433
網　　站：www.gotop.com.tw
書　　號：ACL064700
版　　次：2022 年 12 月初版
建議售價：NT$300

國家圖書館出版品預行編目資料

提升程式設計力：國際程式設計競賽精選解題解析 / 周娟, 吳永
　輝著. -- 初版. -- 臺北市：碁峰資訊, 2022.12
　　面；　公分
　ISBN 978-626-324-237-1(平裝)
　1.CST：電腦程式設計　2.CST：C++(電腦程式語言)
312.92　　　　　　　　　　　　　　　　　　　111010438

**讀者服務**

● 感謝您購買碁峰圖書，如果您對本書的內容或表達上有不清楚的地方或其他建議，請至碁峰網站：「聯絡我們」\「圖書問題」留下您所購買之書籍及問題。(請註明購買書籍之書號及書名，以及問題頁數，以便能儘快為您處理)
http://www.gotop.com.tw

● 售後服務僅限書籍本身內容，若是軟、硬體問題，請您直接與軟體廠商聯絡。

● 若於購買書籍後發現有破損、缺頁、裝訂錯誤之問題，請直接將書寄回更換，並註明您的姓名、連絡電話及地址，將有專人與您連絡補寄商品。